U0203285

基于时滞激光系统的储备池计算

侯玉双　岳殿佐　著

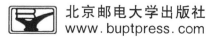

北京邮电大学出版社
www.buptpress.com

内 容 简 介

本书首先对储备池计算的相关概念、原理及研究进展进行了详细介绍,在此基础上,对基于半导体激光器构建的延时型全光储备池计算系统进行了理论研究。本书针对混沌掩码的产生及其时延和复杂度特性分析、储备池计算系统理论模型的建立、系统关键参数对预测和分类性能以及记忆能力的影响等几个方面的问题进行了详细的研究。本书的内容取材于作者在国际主流学术杂志和国际会议上公开发表的学术论文,同时融合了国内外学者在该领域的部分优秀研究成果。

本书的第 1 章可作为高等院校数学与应用数学、光电及信息计算与处理等专业本科生的参考资料,第 2～7 章可作为高等院校数学与应用数学、光电及信息计算与处理等专业研究生的参考资料,全书亦可供相关领域的科技人员参考。

图书在版编目(CIP)数据

基于时滞激光系统的储备池计算 / 侯玉双,岳殿佐著 . -- 北京:北京邮电大学出版社, 2021.5

ISBN 978-7-5635-6384-5

Ⅰ. ①基… Ⅱ. ①侯… ②岳… Ⅲ. ①机器学习—神经网络—研究 Ⅳ. ①TP181

中国版本图书馆 CIP 数据核字(2021)第 095935 号

策划编辑:彭 楠　　责任编辑:王晓丹 米文秋　　封面设计:七星博纳

出版发行:北京邮电大学出版社
社　　址:北京市海淀区西土城路 10 号
邮政编码:100876
发 行 部:电话:010-62282185　传真:010-62283578
E-mail:publish@bupt.edu.cn
经　　销:各地新华书店
印　　刷:北京九州迅驰传媒文化有限公司
开　　本:720 mm×1 000 mm　1/16
印　　张:11
字　　数:188 千字
版　　次:2021 年 5 月第 1 版
印　　次:2021 年 5 月第 1 次印刷

ISBN 978-7-5635-6384-5　　　　　　　　　　　　　　　　　定价:78.00 元

前　　言

为了解决诸如图像识别、混沌时间序列预测、分类等复杂任务,研究人员努力寻找比传统数字计算机效率更高、计算能力更强的新方法。储备池计算(Reservoir Computing,RC)是机器学习领域出现的一种新颖的计算方法,其计算方式完全不同于传统数字计算机的计算方式,在处理复杂任务时表现出高效率和高精度的特点。

RC起源于递归神经网络,但是消除了递归神经网络中训练困难的缺陷,因而更易于在实践中应用。RC在处理任务的过程中,需要利用非线性特征映射将输入信号从低维空间映射到高维空间,其可基于两种不同方式实现:一是基于大量的非线性节点;二是基于单个非线性节点加外部反馈环,由沿延迟反馈环的等间隔输出作为虚拟节点。基于后者的RC简称延时型RC,其结构非常简单,可极大程度地降低RC系统的实施难度。2011年,首次报道了基于一个混沌电路加延迟反馈环的延时RC系统,该系统以 0.1 kSa/s 的数据处理速率进行 10 阶非线性自回归移动平均(NARMA10)测试时,预测误差低至 2.3%。在处理随时间变化的信息时,高速、高准确率是RC追求的永恒目标。相对于电路的延时RC,光电或全光延时RC更具优势。特别地,由于半导体激光器(Semiconductor Laser,SL)在光注入、光反馈下展现出丰富的非线性动力学特性,且通过调节注入强度、反馈强度、频率失谐等参量可将其控制在RC所需的最佳非线性状态,因此其非常适合用作RC中的非线性节点。2013年,实验报道了基于SL非线性的延时RC系统,该系统以 13 MSa/s 的数据处理速率预测 Santa Fe 混沌时间序列得到的误差仅为 10.6%。此后,基于SL的延时RC的研究不断取得新进展,并在无线信道均衡、时间序列预测、光分组头识别、语音识别、手写数字识别等任务测试中展现出极大的应用前景。

尽管基于SL的延时RC的研究已有一些报道,但目前尚存在一些问题,例如,如何产生合适的掩码来激发更丰富的储备池内部动态以提高储备池性能。同时,在如何设计新结构以进一步提高计算精度和数据处理速率方面有待研究。此外，储备池并行处理信息的能力也有待进一步发掘。这些都是基于 SL 的延时 RC 推广到实际应用时要解决的核心问题。

本书主要对基于 SL 构建的延时型全光 RC 系统进行理论研究，针对混沌掩码的产生及其时延和复杂度特性分析、RC 系统理论模型的建立、系统关键参数对预测和分类性能以及记忆能力的影响等几个方面的问题进行详细的研究。本书的内容取材于作者在国际主流杂志和会议上公开发表的学术论文，同时融合了国内外学者在该领域的部分优秀研究成果。

本书的出版得到了国家自然科学基金(62065015)、内蒙古自治区自然科学基金(2019MS06022)、重庆市博士研究生科研创新项目(CYB19087)的资助，在此作者表示衷心的感谢。

由于作者水平有限，书中难免有不妥之处，敬请读者批评指正。

作 者

目　　录

1

第1章 绪 论

1.1 引 言

21世纪是信息爆炸的时代,我们每个人每天都在产生、接收与传递大量的信息。早上起床用手机查看天气情况,到工作单位进行指纹打卡,回家路上接收路况信息以找到最畅通的路线,接收网站推送的歌曲,等等,每时每刻我们都处在各种信息之中。信息的获取已经十分方便,但在众多的信息之中,如何找到自己最需要的,并迅速给出最准确的分析结果已经成为亟待解决的问题。目前我们所依赖的计算机尽管取得了飞跃式的发展,不断更新换代,运算速度达到惊人的程度,但这种基于传统逻辑运算理念的计算机,在处理复杂的任务及并行计算方面还不能令人满意。相比之下,我们的大脑胜过计算机很多。首先,大脑处理信息的速度与准确率是惊人的,例如,我们走进一家餐馆,只看一眼便能在人群中分辨出我们的朋友坐在哪里,而计算机却要经过复杂的运算、对比才能给出并不一定准确的结论。其次,大脑进行并行计算的能力是惊人的,对于食物发出的气味、室内的温度、嘈杂的声音等,大脑几乎是同时在很短的时间内处理了这些信息。最后,大脑的学习能力是传统计算机无法比拟的,对于从未接触过的物体,大脑通过积累的经验会从物体的形状、重量、作用等多个方面进行分析,而使用计算机却需要编写复杂的程序,经过大量的训练,然后采集足够的参数,消耗大量的计算资源才能给出结果。

因此,通过模仿大脑运作的方式来研究信息处理技术一直是人们梦寐以求的。随着脑科学的不断发展,人们对大脑运作的方式取得了一定的研究进展,人工神经网络(Artificial Neural Networks,ANNs)从几十年前被提出到现在不断完善,其理论逐渐丰富,应用与性能不断拓展,已经成为一种极具潜力、在现代社会中不容忽视的计算理念。ANNs 的概念与现有的图灵和冯·诺伊曼计算机概念不同,受大脑结构的启发,使用大量的非线性节点模拟大脑中的神经元,通过节点间的连接权重模拟大脑的突触连接,从而构建一个 ANN。在具体实施中,一般对 ANNs 的非线性节点选取简单的非线性变换,然后通过大量节点间的大规模线性矩阵相乘来处理信息,显然这个过程需要传统的计算机来完成,而且优化网络结构的权重通常需要耗费大量计算资源。因此,在 ANNs 提出之初,受限于计算机的计算速度及并行计算能力,这种方法的效率较低。但随着科技的进步,廉价的高性能计算设备不断推出,尤其是现场可编程门阵列(FPGA)和图形处理单元(GPU)的广泛应用,使得 ANNs 取得了飞速发展。由谷歌 DeepMind 公司研制的 AlphaGo(通过深度学习方法训练的围棋机器人)在比赛中打败了人类职业选手就是最好的一个例证。AlphaGo 的训练基于 ANNs 中的前馈神经网络,但美中不足的是 AlphaGo 的功耗巨大,约 1 MW,超过人脑大约 4 个量级。尽管如此,ANNs 是目前公认的最为接近、最为成功的模拟大脑计算方式的一种方法。

随着 ANNs 的拓扑结构和算法的不断丰富,由其前馈神经网络发展出递归神经网络(Recurrent Neural Networks,RNNs),这种结构虽然训练过程比较烦琐,但因内部递归结构的存在而使得信息可以在网络中存留一段时间,从而使得系统具备了一定的动态记忆能力。而这种能力在处理时间序列方面是非常重要的。为了克服 RNNs 难以训练的缺点,另一种源于神经学的机器学习方法在 1995 年由 D. Buonomano 和 M. Merzenich 提出,他们提出的方法中包含了一个随机连接的隐藏层递归神经网络,其特点是随机连接的权重不被训练。尽管两位学者没有提出储备池计算(Reservoir Computing,RC)这一术语,但其文中提出的方法从现在的角度来看基本包含了 RC 这个概念。基于这种计算理念,2001 年 Jaeger 提出了回声状态网络(Echo State Networks,ESNs),2002 年 Maass 提出了液体状态机(Liquid State Machines,LSMs)。虽然这两种方法提出的角度不同,但是本质上都是对传统的 RNNs 训练算法的改进,即都使用了 RNNs 的方案,但神经元内部的连接权重是固定的,只有输出层的权重需要训练。这种简化训练的方案并没有因此而降低系统的计算能力,却显著地提高了系统的运算效率。2007 年 D. Verstraeten 等人以实验的方式证明了 ESNs 和 LSMs 在本质上是一致的,并首次使用储备池计算(RC)这一术语,将其统称为 RC。

RC 原本是作为 RNNs 的一种训练方法而被提出,但由于其易于训练、易于实施的特点,目前已发展为一种专门的机器学习概念,迅速在数值模拟及物理实验中验证了其先进性,并被广泛应用于时间序列预测、手写识别、语音识别、非线性信道均衡、财务预测、机器人控制和癫痫发作的检测等任务。时至今日,RC 已由最初接近于 RNNs 理念的多个非线性节点的空间分布结构(简称空间型 RC)发展出单个非线性节点加延迟反馈环的简化结构(简称延时型 RC),这种简化将 RC 对硬件的需求降到了极致,只需一个非线性节点和一个延迟反馈环就可实施,而且从理论上讲任何非线性的变换都可以构成一个非线性节点,因此 RC 迎来了跨越式发展。尤其是该方法与光学的结合,不仅发挥了光快速传播的特性,计算精度也得到了显著提高。

现如今,光通信中技术成熟的光放大器、调制器、半导体激光器(Semiconductor Laser,SL)都是构成储备池的理想非线性器件,其中通过引入 SL 实现的 RC,因其具有快速、高功效、宽带宽和并行计算的优势,越来越受到更多研究者的关注。但是,基于 SL 的 RC 在提高计算精度、降低错误率、系统关键参数对性能的影响以及进一步提高信息处理速率等方面还有待系统地研究,这也是 RC 推广到实际应用的核心问题。基于此,本书研究了几类基于延时 SL 非线性动力学系统的 RC 系统,对系统关键参数,如反馈强度、耦合强度、缩放因子及虚拟节点间隔时间等进行分析,对储备池的特性,如记忆能力、记忆质量、近似性和分离性等进行分析。随着光子 RC 的研究不断深入,可以预见光子 RC 将开拓信息处理的崭新道路,视为在全光计算机实现道路上迈出的坚实一步。

1.2　人工神经网络

人工神经网络简称神经网络,是由大量的处理单元(神经元)彼此按某种方式互连而成的复杂网络系统。神经网络是对人脑进行一定的抽象、简化和模拟的人工信息处理模型,它的发展与神经科学、人工智能、数理科学、计算机科学、信息科学、控制论、心理学、分子生物学等学科相关。

1.2.1　人工神经元模型

生物神经元简称神经元,通常由细胞体、树突和轴突构成,如图 1-1(a)所示。细胞体通过树突接收其他神经元发出的电信号,轴突用来向其他神经元传递电信

3

号。细胞体相当于一个初等的处理器,对来自其他神经元的神经信号总体求和,产生一个神经输出信号。而人工神经元模型是对生物神经元的模拟与抽象,如图1-1(b)所示。人工神经元相当于一个多输入单输出的非线性阈值器件。图1-1(b)中的 $X_1, X_2, \cdots, X_n$ 表示 n 个输入,$W_1, W_2, \cdots, W_n$ 表示与之相连的 n 个连接强度,或称为权重,$\sum W_i X_i$ 为激活值,表示这个人工神经元的输入总和,它对应于生物神经元所产生的电位,Y 表示这个人工神经元的输出,$f(\cdot)$ 表示激活函数。

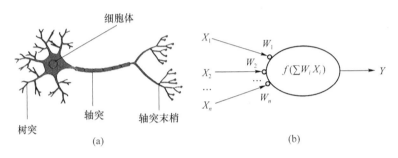

(a)　　　　　　　　　　　　　　　(b)

图 1-1　生物神经元与人工神经元模型

上述内容可抽象概括为一个数学模型。令 $x_i(t)$ 表示时刻 t 神经元 j 接收到来自神经元 i 的输入信息,则时刻 t 神经元 j 的输出信息 $y_j(t)$ 可用式(1.2.1)描述:

$$y_j(t) = f\{[\sum_{i=1}^{n} W_{ij} x_i(t - \tau_{ij})] - \theta_j\} \qquad (1.2.1)$$

式中:τ_{ij} 表示输入输出间的突触时延;θ_j 表示神经元 j 的阈值;W_{ij} 表示神经元 i 到神经元 j 的突触连接权重;$f(\cdot)$ 表示神经元转移函数,也称激活函数或输出函数。

将式(1.2.1)中的突触时延取为单位时间,则神经元的输出可描述为

$$y_j(t + 1) = f\{[\sum_{i=1}^{n} W_{ij} x_i(t)] - \theta_j\} \qquad (1.2.2)$$

式中:"输入总和"通常称为神经元在时刻 t 的净输入。

由式(1.2.2)可知,人工神经元的数学模型和输出特性主要由转移函数决定。目前常用的转移函数有多种形式,其中最常见的有以下3种形式。

(1) 阈值型转移函数。主要包括两种:单极性阈值型转移函数(单位阶跃函数)和双极性阈值型转移函数(符号函数)。单位阶跃函数表达式为

$$f(x) = \begin{cases} 1, & x \geqslant 0 \\ 0, & x < 0 \end{cases} \qquad (1.2.3)$$

具有这一作用方式的神经元称为阈值型神经元,它的输出是电位脉冲,因而阈值型

神经元也称离散输出模型,经典的 MP 模型就属于这类。符号函数表达式为

$$f(x) = \begin{cases} 1, & x \geqslant 0 \\ -1, & x < 0 \end{cases} \tag{1.2.4}$$

它是神经元模型中常用的一种,通常用于处理离散信号的神经网络中。

用上述两种转移函数均可根据输入值大于等于 0 或小于 0 的情况输出两种状态。输出为 1 时,神经元为兴奋状态,输出为 0 或 -1 时,神经元为抑制状态。

（2）分段线性转移函数。该函数的特点是神经元的输入与输出在一定区间内满足线性关系。单极性分段线性转移函数表达式为

$$f(x) = \begin{cases} 0, & x \leqslant 0 \\ cx, & 0 < x \leqslant x_c \\ 1, & x > x_c \end{cases} \tag{1.2.5}$$

双极性分段线性转移函数表达式为

$$f(x) = \begin{cases} -1, & x \leqslant -1 \\ x, & -1 < x \leqslant 1 \\ 1, & x > 1 \end{cases} \tag{1.2.6}$$

（3）非线性转移函数。该函数是实数域 **R** 到 [0,1] 闭集的单调不减连续函数,表示状态连续的神经元模型。常用的非线性转移函数是单极性 S 型函数（即 Sigmoid 函数）和双极性 S 型函数。S 型函数的特点是函数本身及其导函数都是连续函数,因而在处理上十分方便。单极性 S 型函数表达式为

$$f(x) = \frac{1}{1 + \mathrm{e}^{-x}} \tag{1.2.7}$$

双极性 S 型函数表达式为

$$f(x) = \frac{2}{1 + \mathrm{e}^{-x}} - 1 = \frac{1 - \mathrm{e}^{-x}}{1 + \mathrm{e}^{-x}} \tag{1.2.8}$$

它是神经元模型中常用的一种,通常用于处理离散信号的神经网络中。

1.2.2 前馈神经网络

将大量神经元按照一定的结构组织起来就构成了 ANNs,一般的网络结构可以分为三层,即输入层、中间层（也称隐藏层）及输出层。输入层接收外部的输入信号,并由各输入单元将信号传递给直接相连的中间层的各个神经元。中间层是神

经元内部连接层,对输入信息进行高维映射及非线性变换。ANNs 具有的模式分类、特征抽取等功能就是通过中间层将输入信息映射到高维状态空间后完成的。输出层是对外输出结果的部分。

最简单的 ANNs 的拓扑结构如图 1-2 所示,其为一个前馈神经网络结构示意图,在这个网络中,只包含一个隐藏层,其连接是单向的,即从左向右连接,因此可称其为单隐层前馈神经网络。其中 u_1,u_2,u_3 为输入信息,我们用向量 $\boldsymbol{u}$ 表示,$\boldsymbol{W}_{in}$ 和 $\boldsymbol{W}_{out}$ 分别为输入权重与读出权重,y_1,y_2 为输出值,用向量 $\boldsymbol{Y}$ 表示。因此这个网络结构可用式(1.2.9)表示:

$$\boldsymbol{X} = f_1(\boldsymbol{W}_{in}\boldsymbol{u})$$
$$\boldsymbol{Y} = f_2(\boldsymbol{W}_{out}\boldsymbol{u})$$

(1.2.9)

式中,f_1 和 f_2 为激活函数,$\boldsymbol{X}$ 为隐藏层的网络状态。除了这种单隐藏层的结构外,也有包含不止一个隐藏层的网络,称为深度学习结构,这种结构一般使用后向传播算法训练,其权重按与处理顺序相反的方向更新,如从最后一层更新到第一层。对于给定的输入信息,这种网络结构能产生相应的输出状态并保持不变,且前后信息之间没有关联,因而这种网络不具备记忆能力。而记忆能力在处理某些任务,如混沌时间序列预测、非线性信道均衡等任务时是必需的,另一种改进的网络结构较好地解决了这个问题,即递归神经网络(RNNs)。

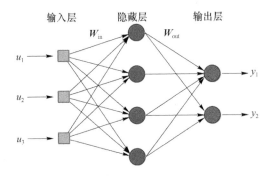

图 1-2 前馈神经网络结构示意图

1.2.3 递归神经网络

当网络中添加递归结构时,训练的过程将变得十分复杂,同时,递归的存在使得输入信息能够在网络中存留较长时间,因此系统获得了一定的动态记忆能力。

网络的状态不仅依赖于当前输入的信息,也与之前输入的信息有关系。因此 RNNs 具有处理时间序列的能力,如时间序列预测任务等。在这样的系统中再将网络分成几层没有意义,因为信号能够在网络中的不同层间传输,即使是输出层的信号也能反馈回到前面。RNNs 的一般结构如图 1-3 所示。已经证明 RNNs 可以近似动态系统,而且理论上与图灵算法等价。并且由于存在内部循环回路,RNNs 与生物脑的某些方面更为接近。

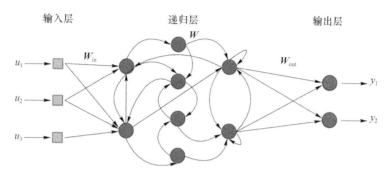

图 1-3 递归神经网络结构示意图

在数学上,RNNs 可以表示为

$$\boldsymbol{X}(n+1)=f(\boldsymbol{W}_{\text{in}}\boldsymbol{u}(n+1)+\boldsymbol{W}\boldsymbol{X}(n)),\quad n=1,2,\cdots,T \qquad (1.2.10)$$

其中,$\boldsymbol{W}_{\text{in}}\in \mathbf{R}^{N\times M}$是输入信号的权重矩阵,$\boldsymbol{W}\in \mathbf{R}^{N\times N}$是递归层内部的连接矩阵,$\boldsymbol{X}(n)$是网络的内部状态,$N$ 为隐藏层神经元的个数,M 是输入信息的维数。由式 (1.2.1)~式(1.2.10)可以明显看出,在某一时刻 t,隐藏层的状态 $\boldsymbol{X}(t)$不仅与当前输入值 $\boldsymbol{u}(t)$有关,还与网络中之前存在的状态 $\boldsymbol{u}(t-1)$有关,而且由于 $\boldsymbol{u}(t-1)$又与其输入值及更早的网络状态相关,因此这个网络的状态从理论上说是和过去所有输入的信息都相关的,但在实际应用中,越早输入的数据所造成的影响随着状态的不断迭代越来越弱,这个过程就构成了网络的动态记忆,RNNs 记忆力的大小与选用的非线性函数 $f(\cdot)$以及权重相关。

可以证明,这种网络结构实际上等同于深度前馈神经网络,至少在理论上,它是具有无限多个隐藏层的一种结构。这相应地造成了网络训练过程的复杂,在不断递归迭代的过程中,需要对 $\boldsymbol{W}_{\text{in}}$、$\boldsymbol{W}$ 及 $\boldsymbol{W}_{\text{out}}$不断进行修正,虽然反向传播算法也可以应用于 RNNs 的训练,但实现训练收敛却是一个耗时费力的烦琐过程,更多的递归结构经常导致梯度爆炸或梯度消失,正是因为这个原因,加之一方面受限于自身算法的复杂性,另一方面受限于计算机所提供的计算能力,RNNs多年来发展并不快。为了找到另一种更简单的训练方法,但又不失其原有的计算性能,RC的概念应运而生。

1.3 储备池计算的基本概念及原理

储备池(reservoir)这个词最早用于形容网络中按某种权重连接的大量的非线性节点或神经元。1.1节已经提到,储备池计算(RC)是由 D. Verstraeten 等人于2007年首次提出的,它是回声状态网络(ESNs)和液体状态机(LSMs)这两种相近的 RNNs 结构的统称。由于传统 RNNs 的复杂训练过程限制了它的应用,因此RC 通过对传统的 RNNs 采用随机输入权重和随机内部连接权重极大地简化了传统 RNNs 的训练算法,这可以看作对 RNNs 发展的一大贡献。

ESNs 与 LSMs 本质上采用的是相同的算法,随后的各种 RC 在很大程度上是对其的继承和发展,因此这里以 ESNs 为例,给出 RC 方法的先进之处。在经典的 ESNs 方法中,递归网络(在这种方法中被称为储备池)的连接是随机产生的而只有读出层(输出层)的权重需要训练,这种简化的方法却没有牺牲其优异的性能。因此,它一经提出就被证明是训练递归网络的实用方法。ESNs 概念简单、计算资源消耗不高,因而重新燃起了研究人员对 ANNs 进行研究的热情。

1.3.1 回声状态网络

ESNs 通过随机地布置大规模稀疏连接的神经元构成随机网络结构,这个用于处理时序输入信号的随机稀疏连接的大规模递归网络被称为储备池,其结构如图1-4所示。$u(n)$ 为输入信息,$u(n) \in \mathbf{R}^{N_u}$,这里我们也视其为机器学习中的训练样本。$y^{\text{target}}(n) \in \mathbf{R}^{N_y}$ 是训练的目标,$n=1,2,\cdots,T$ 是离散时间,T 为训练集中样本的数量,$y(n)$ 为网络的输出结果。典型的回声状态网络可以由式(1.3.1)表示:

$$\tilde{X}(n) = \tanh(W_{\text{in}}[1;u(n)] + WX(n-1)),$$
$$X(n) = (1-a)X(n-1) + a\tilde{X}(n), \quad n=1,2,\cdots,T \tag{1.3.1}$$

其中,非线性函数使用了常用的双曲正切函数 tanh,也可以选择其他非线性函数,如 Sigmoid 函数。式中,$X(n) \in \mathbf{R}^{N_x}$ 为储备池内神经元的激活状态,$\tilde{X}(n) \in \mathbf{R}^{N_x}$ 是状态更新的中间变量，$\boldsymbol{W}_{\text{in}}\in\mathbf{R}^{N_x\times(1+N_u)}$，$\boldsymbol{W}\in\mathbf{R}^{N_x\times N_x}$ 表示输入权重和递归连接权重，$[\cdot\,;\cdot]$ 表示列向量或矩阵的连接符号，$a\in(0,1]$ 表示泄露率。这个模型也经常设置为不带泄露项，即 $a=1$，则 $\widetilde{\boldsymbol{X}}(n)=\boldsymbol{X}(n)$。

相应地，读出层可以表示为

$$\boldsymbol{y}(n)=\boldsymbol{W}_{\text{out}}[1;\boldsymbol{u}(n);\boldsymbol{X}(n)] \tag{1.3.2}$$

其中，$\boldsymbol{y}(n)\in\mathbf{R}^{N_y}$ 是网络输出的结果，$\boldsymbol{W}_{\text{out}}\in\mathbf{R}^{N_y\times(1+N_u+N_x)}$ 是读出层的权重矩阵，这里的读出层表示为线性读出。也可以使用非线性读出，即式(1.3.2)附加上非线性函数 f，还有的配置是从输出层再反馈回储备池，即

$$\widetilde{\boldsymbol{X}}(n)=\tanh(\boldsymbol{W}_{\text{in}}[1;\boldsymbol{u}(n)]+\boldsymbol{W}\boldsymbol{X}(n-1))+\boldsymbol{W}_{\text{fb}}\boldsymbol{y}(n-1) \tag{1.3.3}$$

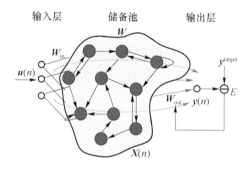

图 1-4　回声状态网络示意图

使用回声状态网络处理问题时，首先要生成一个神经网络，$\boldsymbol{W}_{\text{in}}$、$\boldsymbol{W}$ 这两个权重矩阵是随机生成的，并且在训练中固定不变。确定泄露率 a 后可以输入训练集 $\boldsymbol{u}(n)$，并收集网络状态 $\boldsymbol{X}(n)$。使用线性回归方法进行训练，确定读出权重 $\boldsymbol{W}_{\text{out}}$。简单地说，训练就是使 $\boldsymbol{y}$ 和 $\boldsymbol{y}^{\text{target}}$ 之间的误差最小。误差 E 一般可以用均方根误差计算：

$$E(\boldsymbol{y},\boldsymbol{y}^{\text{target}})=\frac{1}{N}\sum_{i=1}^{N_y}\sqrt{\frac{1}{T}\sum_{n=1}^{T}(y_i(n)-y_i^{\text{target}}(n))^2} \tag{1.3.4}$$

RC 的训练方法与其类似，具体过程将在第 2 章进行分析。

回声状态网络的模型简单，计算概念清晰，但在实际应用过程中仍然需要不断积累经验，摸索合适的参数，才能取得理想的效果。例如储备池内非线性节点数量的选择，从理论上讲，节点数量越多越好，因为一个储备池可以看作输入信息的高维映射，输入信息通过不同的权重输入储备池之中，每个非线性节点都会产生相应

的响应,而这些响应的状态就是用来计算读出权重的依据,因此,节点数目越多得到的内部状态越丰富。由于回声状态网络的训练过程相对容易,因此可以选择较多的节点,通常可能会取到 10^4,并且视处理任务的难易程度而定。另外,内部非线性节点的数量也决定着这个网络所具有的记忆能力的大小,研究显示,回声状态网络的最大记忆能力不会超过非线性节点的数量。

此外,W_{in} 经常选为稀疏矩阵。同时,储备池内部连接矩阵 W 也是稀疏矩阵,稀疏矩阵并没有降低系统的性能,反而使计算过程消耗更低。值得一提的是,W 谱半径一般需要仔细调整,其大小对系统的性能影响很大。连接矩阵 W 的谱半径 ρ 定义为该矩阵的最大特征值的绝对值。确定 ρ 的过程一般为,先生成随机稀疏矩阵 W,然后计算出其谱半径 $\rho(W)$。在回声状态网络中一般设定谱半径小于 1,因为较大的谱半径会导致系统振荡甚至达到混沌状态,从而极大地降低系统性能。因此,可以用 $W/\rho(W)$ 得到一个单位谱半径的稀疏矩阵,然后乘以缩放因子 γ,γ 的一般取值为 $(0,1)$。在极少数情况下,W 的谱半径远大于 1,因此要视具体任务而定。

然而,回声状态网络的实用性却受到了一些质疑,不仅因为上述参数的确定需要经验积累及反复验证,还源于输入权重与内部连接权重的随机产生。随机意味着简单方便,但同时也意味着它不是最优的选择。另外,如果说储备池是对输入信息的高维映射,储备池的内部连接需要一定的复杂度,那么能够满足计算要求的最低复杂度是多少?鉴于此,A. Rodan 等人在 2011 年分析了三种回声状态网络的拓扑结构,即延时线性储备池(Delay Line Reservoir,DLR)、带反馈的延时线性储备池(Delay Line Reservoir with feedback,DLRB)及简单的环形储备池(Simple Cycle Reservoir,SCR)。这三种结构如图 1-5 所示。图 1-5(a)中的结构为各非线性节点排成一条线,在这种情况下,连接矩阵 W 只有副对角线下方与副对角线平行且紧邻副对角线的那条线上元素都是非零值 r,即 $W_{i+1,i}=r(i=1,\cdots,N-1)$,$r$ 为节点间前向连接的权重值。图 1-5(b)中的主要结构与图 1-5(a)类似,但是在节点间插入了由后向前的反馈连接,其连接权重为 $W_{i+1,i}=r(i=1,\cdots,N-1)$,而且副对角线上方与副对角线平行且紧邻副对角线的那条线上元素都是非零值 b,即 $W_{i,i+1}=b(i=1,\cdots,N-1)$,$b$ 为反馈连接权重。在图 1-5(c)中,非线性节点构成了一个首尾相连的环,即 $W_{i+1,i}=r$ 且矩阵右上角元素 $W_{1,N}=r$。A. Rodan 等人采用多个测试任务对这三种结构的储备池性能进行了测试,如 10 阶及 20 阶的非线性自回归移动平均任务、Santa Fe 时间序列预测任务、Hénon 映射数据集预测任务、非线性信道均衡任务、IPIX 雷达数据预测任务、太阳黑子预测任务及单个数字语音识别任务。在众多任务测试中,这三种简化的结构都能取得与随机连接的储备池相当的结果,并且在个别任务中,简化的结构表现得更好。文中随后分析了储备池的记忆能力。在节点数 $N=20$ 的随机回声状态网络与 DLR、DLRB 及 SCR 中,测试得到的记忆能力分别为 18.25、19.44、18.42 和 19.48。值得一提的是,SCR 在测试中的表现始终是适中的,而且 SCR 的记忆力测试的效果更好,也符合文中对环形储备池记忆力的推测模型 $MC=N-(1-r^{2N})$,其中,MC 为 SCR 的记忆能力,N 为非线性节点的数量,r 为连接权重。对 SCR 的测试中设定 $r=0.5$、$N=20$,MC 的理论值为 19,与测试结果基本吻合。这篇文献最终证明了即使是简单的固定连接的环形拓扑结构,也能取得与随机连接的回声状态网络类似的结果,并且其记忆能力并没有因连接的简化而下降。A. Rodan 等人提出的环形拓扑结构虽然并没有跳出空间型储备池的局限,但是为后来的单个非线性节点加反馈环的延时型储备池的提出奠定了一定的基础。

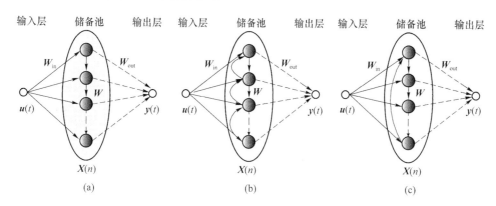

图 1-5 三种回声状态网络的拓扑结构

1.3.2 延时型储备池

尽管简化的回声状态网络已经取得了显著进步,但由于储备池内部使用了大量的非线性节点,不论是这些非线性节点工作状态的控制,还是非线性节点间连接权重的调节,都在很大程度上限制了回声状态网络的物理实施与实际应用。要使这种 RC 在硬件上实施,系统还需要进一步简化。2011 年,L. Appeltant 等人将这种简化做到了极致,提出只使用一个非线性节点加延时反馈环的结构构建一个复杂的动态系统,从而用于信息处理。在空间型 RC 中,储备池通常由大量随机互连的非线性节点组成,构成循环网络,即具有内部反馈回路的网络。在输入信号的作用下,网络中各个非线性节点呈现不同的瞬态响应。在输出层读出这些瞬态响应,并通过计算各个非线性节点状态的线性加权和,输出计算结果,从而完成对输入信息的分类、特征提取、预测等任务。为了有效地处理这些任务,储备池应该满足两个关键属性。首先,它应该能将输入信号非线性地转换到高维状态空间,以便实现信号分类,这可以通过储备池内非线性节点的映射来实现。其次,储备池应该呈现出衰退的记忆(即短期记忆),也就是说,储备池的状态不仅由当前输入的信息决定,也由过去一段时间内残留在系统中的状态决定,但时间越靠前其作用越弱。而储备池所需的这两个条件在延迟非线性动力系统中都能满足。带延时反馈环路的非线性系统这里简称为延迟系统,这类系统在许多科学和技术领域(如电子、光电和全光系统)内都普遍存在,它们被应用于高性能宽带混沌通信、光学低相干源、超稳定微波源、低线宽光源和随机数产生等。这类系统有着丰富的动态,其延时反馈作用对于系统的稳定或者振荡已经得到了深入研究。

因此,L. Appeltant 等人提出以延迟系统作为储备池(简称延时型储备池)的概念,并在电路中进行了实验。

图 1-6 即为 L. Appeltant 等人提出的单个非线性节点加延时反馈环构成储备池的电路 RC 实验系统示意图。其非线性器件选用了 Mackey-Glass 振荡器,这种器件的非线性已经被广泛研究并易于在电路中实现。在此基础上,系统引入了输入项,可以表示为

$$\dot{X}(t) = -X(t) + \frac{\eta \cdot [X(t-\tau) + \gamma \cdot J(t)]}{1 + [X(t-\tau) + \gamma \cdot J(t)]^p} \tag{1.3.5}$$

其中,X 表示系统的动态变量,$\dot{X}$ 表示 X 相对于无量纲的时间 t 的导数,τ 是反馈环的延时时间。系统的响应时间 T(在开环情况下决定变量 X 的衰减率)归一化为 1。参数 η 和 γ 分别代表反馈强度和输入缩放因子。η 的大小在很大程度上决定了系统在没有输入的情况下是运行于稳态还是振荡状态。这个系统在电路中实现的另一个优点是其参数的可调性,通过调整指数 p 可以使系统具有适当的非线性。这里选取了 $\gamma = 0.5, p = 7, \tau = 80$。L. Appeltant 等人使用这个实验结构成功验证了单个数字语音识别及 NARMA-10 任务,其结果如图 1-7 所示。

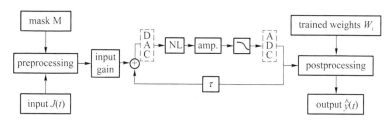

图 1-6　单个非线性节点加延时反馈环构成储备池的电路 RC 实验系统示意图

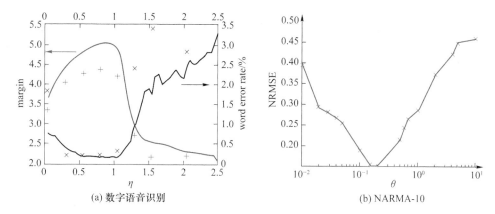

(a) 数字语音识别　　　　　　　　　(b) NARMA-10

图 1-7　单个非线性节点加延时反馈环构成储备池的电路 RC 实验结果

这个实验的成功与创新在于它用单个非线性节点加延时反馈环的结构替换了传统 RC 中的大量非线性节点,这个替换从数学角度分析,实际上是延迟微分方程对方程(1.2.10)的替换。为了方便对比,现将方程(1.2.10)重新写在下面:

$$\boldsymbol{X}(n+1)=f(\boldsymbol{W}_{\mathrm{in}}\boldsymbol{u}(n+1)+\boldsymbol{W}\boldsymbol{X}(n)),\quad n=1,2,\cdots,T \qquad (1.3.6)$$

具有延时反馈的动态系统通常可以用延迟微分方程来描述:

$$\boldsymbol{X}(t)=f(t,\boldsymbol{X}(t),\boldsymbol{X}(t-\tau_{\mathrm{D}})) \qquad (1.3.7)$$

其中,τ_{D} 是反馈信号 $\boldsymbol{X}(t-\tau_{\mathrm{D}})$ 的延迟时间,f 是多维非线性函数。一个经典的例子是一维非线性延迟系统,可以表示为

$$T_{\mathrm{R}}\dot{X}(t)+X(t)=f(X(t),\beta X(t-\tau_{\mathrm{D}}),\rho u(t)) \qquad (1.3.8)$$

这个方程经过了适当的调整,因此看起来与式(1.3.5)有些类似,其中,T_{R} 为系统的响应时间,β 为反馈强度,$u(t)$ 为引入的输入项,ρ 为输入的缩放因子。通过在常微分方程中添加延时项改变了系统的维数,从而使这个连续时间系统变成了一个无穷维的系统。而在应用中,可以通过比系统的响应时间 T_{R} 至少快两倍的采样

速率来近似这个连续系统。而且这类延迟微分方程可以通过很多方法快速准确地求解,如 Euler 算法及四阶 Runge-Kutta 算法。

为了更加直观地将延迟系统构成的储备池与传统的储备池进行对比,下面给出两种储备池的示意图,图 1-8(a)为前文所提到的环形空间拓扑结构的空间型储备池示意图,图 1-8(b)为单个非线性节点加延时反馈环构成的延时型储备池示意图。图 1-8(a)所示的储备池中每一个点都代表一个实际的非线性节点,而图 1-8(b)所示的储备池中只有一个非线性节点,分布于反馈环中的节点为虚拟节点,是指非线性节点所产生的非线性响应在反馈环中某些时刻的状态。因此,可以看出延时型储备池的特点是使用了时分复用的方式来代替空间中多个非线性节点。即在空间型储备池中,在某一时刻 t 输入信息 $u(t)$ 后,能立刻收集到网络中所有节点的状态 $\boldsymbol{X}(t)$,但在延时型储备池中需要 τ_D 时间才能完成。此外,对延时型储备池,每个周期 T 内输入一个数据,在反馈环中得到 τ_D 时间内的所有状态,如果系统在无输入时运行在稳态,那么输入数据导致的非线性响应在大于系统的响应时间 T_R 后会逐渐消失,也就是说,如果 $\tau_D > T_R$(大多数系统属于这种情况),那么反馈环中的状态就只有最初的几个虚拟节点可以反映输入信息的响应,而其他虚拟节点则处于稳态之中。为了解决这个问题,提出了掩码的概念,即在时刻 t 输入的数据 $u(k)$ 乘以由 N 个元素(N 为虚拟节点的数量)构成的向量或矩阵,使得原本在一个输入周期内恒定的输入值具有 N 个不同的输入权重,因而对应到反馈环中 τ_D 时间内分成的 N 个虚拟节点上的状态各不相同,使得系统一直处于暂态响应状态。掩码的作用实际上相当于输入权重矩阵 $\boldsymbol{W}_{in}$ 的作用,因此创建了虚拟节点的丰富动态。掩码的具体实施过程将在第 2 章中详细分析。

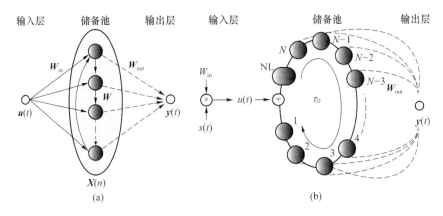

图 1-8　空间环形分布的空间型储备池与单个非线性节点加延时反馈环构成的延时型储备池示意图

基于单个非线性节点的延时型储备池概念的提出,将 RC 对硬件数量的要求降到最低,也进一步简化了传统 RC 的训练过程。虽然这个方法是在电路延迟系统中首次提出并证明的,但当这个概念运用到光学领域时它展现出了巨大的潜力和优势,从而推动了光学 RC 的蓬勃发展。

1.3.3 单节点延迟耦合储备池

由于描述延迟耦合储备池(DCR)的数学模型是延迟微分方程,因此,在本节中我们将讨论简单延迟泛函微分方程的理论,在下面的讨论中将推导出这种储备池中虚拟节点的近似表达式。

1. 延迟反馈计算

在 DCR 中,变量时间序列的过去和现在的信息通过注入具有延迟反馈的动态演化"节点"进行非线性混合。这些动力学可以用式(1.3.9)所示的延迟微分方程来表示:

$$\frac{\mathrm{d}x(t)}{\mathrm{d}t} = -x(t) + f(x(t-\tau), J(t)) \tag{1.3.9}$$

其中,τ 是延迟时间,$J(t)$ 是驱动系统的输入信号 $u(t)$ 的加权和时间复用变换,f 是一个充分光滑的实值非线性函数。非线性是为输入时间序列中的信息提供丰富的特征展开和可分性所必需的。通常一个动力系统未必满足式(1.3.9)中的 f 是非线性函数的条件,但当满足时,f 的选择不是唯一的。一般地,光学或电学系统都是形如式(1.3.9)的延迟微分方程,例如,在全光的激光系统中,其自身的延迟反馈会产生非线性干扰。

Mackey-Glass 系统代表了一种可能的非线性选择,这个系统还可以用硬件实现。其相应的微分方程表示为

$$\frac{\mathrm{d}x(t)}{\mathrm{d}t} = -x(t) + \frac{\eta[x(t-\tau) + \gamma J(t)]}{1 + [x(t-\tau) + \gamma J(t)]^p} \tag{1.3.10}$$

式中,参数 $\gamma, \eta, p \in \mathbf{R}$ 决定了系统运行的动力学状态区域。尽管 Mackey-Glass 系统在 $p > 9$ 时表现出混沌动力学态,但在不动点区域储备池具有更好的记忆能力。在混沌区域中,由于系统对初始条件的敏感依赖性,输入特征具有良好的可分性。然而,或许由于奇异吸引子的固有熵和自相关指数衰减,混沌系统缺乏对输入信号的记忆能力。此外,在数值求解中计算轨迹所需的精度会因系统的无序性而导致

高昂的计算成本。因此,在 $p>9$ 的混沌区域的 Mackey-Glass 系统并非理想的储备池。当然,可以选择其他非线性进行研究,目前在这方面已有一些研究工作。为了便于说明,在本章中我们将使用 Mackey-Glass 系统。

在 DCR 计算系统中,通过时分复用将输入信号 $u(t)$ 注入 DCR 中,对每个等时间间隔 $\tau,u(t)=u_i$ 是一常数,即输入信号 $u(t)$ 以延迟时间 τ 为循环相继以分段常数值 u_i 注入系统。由代数学知识,这一输入信号容易表示成向量值输入信号。每个延迟时间 τ 内的动力学状态 x 可以看作人工神经网络的暂态,其中非线性子单元不是在空间上排列,而是在时间上排列。因为我们关心并考虑 Mackey-Glass 系统运行在不动点区域的情况,所以对每一个等时间间隔 $\tau,u(t)=u_i=0$ 及合适的初始条件,系统将饱和并收敛,也就是 $\lim_{t\to\infty}x(t)=0$。为了使输入信号产生丰富的特征扩展(这与神经网络的空间活动类似),需要对其增加扰动,因此将延迟线 τ 分解为 N 个长度为 $\theta_j(j=1,\cdots,N)$ 的子区间。在这些子区间上,一个附加的掩码函数重新加权其他常数输入值 u_i,使得饱和系统 x 频繁受到扰动并被阻止收敛。也就是说,掩码是一个以 τ 为周期的实值函数。例如,在 $t\in[-\tau,0]$ 上,掩码是常数:

$$m(t)=m_j\in\mathbf{R},\quad \theta_{j-1}<t\leqslant\theta_j,\quad \sum_{j=1}^{N}\theta_j=\tau \qquad (1.3.11)$$

因此,储备池的第 i 个时间 τ 对应的 $x(t)$ 的输入由 $J(t)=m(t)u_i$ 给出。

在最初的方法中,m_j 只是来自 $\{-1,1\}$ 的随机样本,意在扰动系统并创建瞬态轨迹。某些二值以及多值掩码对计算的影响也得到了研究,并可能导致特定任务的性能改进。然而,选择最优 $m(t)$ 的一般原则还没有被很好地给出,主要原因在于解决系统效率问题及对 θ_j 不便于依赖。对于最优信息处理,θ_j 必须足够短,以防止系统轨迹收敛(以便保留过去状态的影响),而 θ_j 太长会影响掩码输入信号延展信息。在 $\theta_j=\theta$ 的等距情况下,可以通过实验确定 θ,通常选择 θ 为系统固有时间尺度的五分之一,在基准任务中具有良好的计算性能。在系统(1.3.9)中,固有时间尺度是方程左侧导数的乘因子 1,因此 $\theta=0.2$。

为了获得统计模型,在每个 θ_j 末读取一个样本,因此在每个 τ 内产生 N 个预测变量(即储备池时间步长 $t'=[t/\tau]$),这些被称为"虚拟节点",类似于神经网络中的空间节点。在第 i 个 τ-循环期间,虚拟节点 j 采样为

$$x_j(u_i):=x\left((i-1)\tau+\sum_{k=1}^{j}\theta_k\right)$$

在线性函数映射

$$\hat{y}_i = \sum_{j=1}^{N} \alpha_j x_j(u_i) \approx g(u_i, \cdots, u_{i-M}) \qquad (1.3.12)$$

使用估计值 $\hat{y}_i$ 来预测某些标量目标信号 y。y 可以看作协变量时间序列 u 的函数 g，其中系统 x 的有限衰减的记忆使得 g 至多是 $M+1$ 个预测变量 $u_i, \cdots, u_{i-M}$ 的函数，这里 $M \in \mathbf{N}$ 且 $M \ll \infty$。系统的记忆能力用 M 表示，代表计算 τ 循环时过去输入值 u_i 的可用性。

为了研究 DCR 模型(1.3.9)，须求解系统(1.3.9)并相应地对虚拟节点进行采样。然而，式(1.3.9)由于递归项不能直接解，同时由于 f 的非线性，也不存在解的级数展开。因此，通常使用低阶龙格-库塔方法对系统(1.3.9)进行数值求解。虽然对于简单的不动点区域，系统在 $\theta/2$ 的数值步长下运行是足够的，但是如果超参数未知并且必须确定，那么对于大量的虚拟节点($N \gg 500$)，计算成本仍然会相当大。

从建模的角度看，超参数 $\theta_j, \tau, N, m(t), \gamma, \eta$ 都被非线性时滞泛函微分方程(1.3.9)的不可解影响，很难进行优化。此外，由于虚拟节点分段采样、采样点 θ_j 以及数值模拟网格等的影响，m 的形状很难得到限制。如果数值模拟网格选得过于细粒度，那么在上述方案中，计算成本将变得不可接受。然而，为了系统能够进行硬件实现，对与指定处理任务密切相关的系统中的超参数进行优化是至关重要的。例如，在光学实现中，τ 可直接由系统的延迟反馈回路中玻璃纤维电缆的长度确定。因此，必须事先通过系统的数值模拟和严格的统计优化准则来确定最佳超参数，这将为最终的永久硬件设置提供适当的置信度。

为了解决这些问题，有必要对系统(1.3.9)进行详细的研究，这有助于了解 DCR 系统的动态，以及将其理论解理解为无限维状态空间中的半流。进而，这些将成为数值解的基础，是 DCR 分析和优化的关键。

2. 时滞泛函微分方程

设 $C_\tau := C([-\tau, 0], \mathbf{R})$ 表示从 $[-\tau, 0]$ 到 $\mathbf{R}$ 的连续映射的巴拿赫空间，具有上确界范数。如果 $t_0 \in \mathbf{R}, A \geqslant 0$ 且 $x: [t_0 - \tau, t_0 + A] \to \mathbf{R}$ 连续映射，则对 $\forall t \in [t_0, t_0 + A]$，可以定义 $x_t: C_\tau \to C_\tau, x_t(\sigma) = x(t + \sigma)$，对于 $\sigma \in [-\tau, 0]$。进一步，设 $H: C_\tau \to \mathbf{R}$，

$$\frac{\mathrm{d}x(t)}{\mathrm{d}t} = H(x_t) \qquad (1.3.13)$$

方程(1.3.13)称为时滞泛函微分方程。方程(1.3.13)的解 x 是 $[t_0, t_0 + A]$ 上的可

微函数,且 $x \in C([t_0 - \tau, t_0 + A), \mathbf{R})$。如果 H 是局部李普希兹连续的,那么在给定初始条件 $(t_0, \varphi) \in \mathbf{R} \times C_\tau$ 下,x 是唯一的。

为了说明这一点,考虑 $t \geqslant 0$ 时系统 (1.3.10) 的解 $x(t)$,其中

$$h: \mathbf{R} \times \mathbf{R} \to \mathbf{R} \tag{1.3.14}$$

使得系统 (1.3.10) 中

$$h: (x(t), x(t-\tau)) \mapsto \frac{\eta[x(t-\tau) + \gamma m(t) u(\bar{t})]}{1 + [x(t-\tau) + \gamma m(t) u(\bar{t})]^p} - x(t)$$

其中掩码 m 和输入 u 是已知的。为便于说明,下面假设 $p = 1$。系统将取决于 $[-\tau, 0]$ 期间的历史记录,由

$$\varphi: [-\tau, 0] \to \mathbf{R}$$

由于 f 是可微的且 $\sup |\frac{\mathrm{d}}{\mathrm{d}x} h(x, \varphi)| = 1$,若 φ 是连续的,则 h 是连续的并在 $x(t)$ 中局部李普希兹。因此,对 $t \in [0, \tau]$,

$$\frac{\mathrm{d}x(t)}{\mathrm{d}t} = h(x(t), \varphi(t-\tau)), \quad t \in [0, \tau], \quad x(0) = \varphi_0(0)$$

是一个可解的初值问题。用 φ_1 表示 $t \in [0, \tau]$ 上的解,于是

$$\frac{\mathrm{d}x(t)}{\mathrm{d}t} = h(x(t), \varphi_1(t-\tau)), \quad t \in [\tau, 2\tau]$$

有 $x(\tau) = \varphi_1(\tau)$,也是可解的。在所有区间 $[(i-1)\tau, i\tau]$ 上,我们可以迭代这个过程,以得到系统 (1.3.10) 的解,但必须满足某些初始条件 $\varphi_0 = x|_{[-\tau, 0]}$。

上面定义的函数 $x_t: C_\tau \to C_\tau$,

$$x_t(\sigma) = x(t+\sigma), \quad \sigma \in [-\tau, 0]$$

将在 $[t-\tau, t]$ 上的 x 转换回初始区间 $[-\tau, 0]$ 上。

至此,很明显 $\sigma \in [-\tau, 0]$ 对应于状态空间 C_τ 中"无限向量" $x(\sigma)$ 的坐标参数化,这就是式 (1.3.9) 真正构成一个无限维动力系统的原因。因此,延迟耦合储备池计算可以看作将输入时间序列非线性扩展到无限维特征状态空间。但是,鉴于虚拟节点及分段常量掩码,这些属性将相应限制到统计协变量的样本数 N 的模型 (1.3.12)。

为了研究系统 (1.3.9) 的稳定性,现考虑自治情况,用常数输入,即 $J(t) = \text{const}$,回忆由式 (1.3.14) 给出的系统 x 的时间演化 h。对于固定点 x^*,有

$$\frac{\mathrm{d}x}{\mathrm{d}t} = h(x^*, x^*) = 0$$

为了便于说明,设 $p=\gamma=1$,则解 x^* 为

$$0=\frac{\eta(x^*+J)}{1+(x^*+J)}-x^*$$

$$x^*=\frac{\eta-1-J}{2}\pm\sqrt{\left(\frac{1+J-\eta}{2}\right)^2+\eta J} \qquad (1.3.15)$$

为了简化表达式,令 $J=0$,在这种情况下,我们得到

$$x^*=\frac{\eta-1}{2}\pm\frac{1-\eta}{2}$$

现在我们关注的是中心解 $x^*=0$,在该解附近,储备池将通过适当地选择 η 和 γ 进行操作。为了确定系统的稳定性,我们通过去掉 h 的泰勒级数展开式中的所有高阶项,在 x^* 的小邻域内对系统进行线性化,得到

$$\frac{\mathrm{d}x}{\mathrm{d}t}=D_x[h](x^*,x^*)x(t)+D_y[h](x^*,x^*)x(t-\tau) \qquad (1.3.16)$$

其中,

$$\begin{aligned}D_x[h](x^*,x^*)&=\frac{\partial}{\partial x}h(x,y)\bigg|_{x=y=x^*}=-1\\D_y[h](x^*,x^*)&=\frac{\partial}{\partial y}h(x,y)\bigg|_{x=y=x^*}=\frac{\eta}{1+x^*}\end{aligned} \qquad (1.3.17)$$

若

$$D_x[h](x^*,x^*)+D_y[h](x^*,x^*)<0$$

且

$$D_y[h](x^*,x^*)\geqslant D_x[h](x^*,x^*)$$

则 $x^*=0$ 是渐进稳定。

3. 虚拟节点的近似方程

下面我们讨论方程(1.3.9)的递推解析解,采用分步法。由此得到的公式用于推导 τ 上采样点的分段求解方案,该方案对应于储备池的虚拟节点。最后,我们利用梯形规则进一步简化,由此导出近似的虚拟节点方程。与用龙格-库塔法获得系统的数值解相比,利用这种近似方程不影响储备池计算系统的性能。

首先,我们讨论分步法的简单应用。考虑在第 i 个 τ 延迟时间,近似系统(1.3.9),因此 $(i-1)\tau\leqslant t\leqslant i\tau$。设连续函数 $\varphi_{i-1}(\sigma)\in C_{[(i-2)\tau,(i-1)\tau]}$ 是 τ 延迟时间的解 $x(t)$。现在我们可以用已知 $\varphi_{i-1}(t-\tau)$ 替换方程(1.3.9)中的未知 $x(t-\tau)$。因此,方程(1.3.9)可以用常微分方程常数变易求解。常数变易定理表明,具有初值 $y(t_0)=$

$c \in \mathbf{R}$的实值微分方程

$$\frac{\mathrm{d}y}{\mathrm{d}t} = a(t)y + b(t)$$

只有一个解

$$y(t) = y_h(t)\left(c + \int_{t_0}^{t} \frac{b(s)}{y_h(s)}\mathrm{d}s\right) \tag{1.3.18}$$

其中

$$y_h(t) = \exp\left(\int_{t_0}^{t} a(s)\mathrm{d}s\right)$$

是相应的齐次微分方程

$$\frac{\mathrm{d}y}{\mathrm{d}t} = a(t)y$$

的解。对应于系统(1.3.9),$a(t) = -1, b(t) = f(\varphi_{i-1}(t-\tau), J(t))$。应用式 (1.3.18)即可得到,区间 $t_{i-1} = (i-1)\tau \leqslant t \leqslant i\tau$ 上具有初值 $x(t_{i-1}) = \varphi_{i-1}((i-1)\tau)$ 的初 值问题(1.3.9)的解,

$$x(t) = \varphi_{i-1}(t_{i-1})\mathrm{e}^{t_{i-1}-t} + \mathrm{e}^{t_{i-1}-t}\int_{(i-1)\tau}^{t} f(\varphi_i(s-\tau), J(s))\mathrm{e}^{s-t_{i-1}}\mathrm{d}s \tag{1.3.19}$$

回想一下,对应于 $x(t)$ 的半流由映射 $x_t: C_\tau \to C_\tau$ 决定,前面已经定义 $x_t(\sigma) = x(t+\sigma)$, $\sigma \in [-\tau, 0]$,它将 $[t-\tau, t]$ 上的 x 平移回初始区间 $[-\tau, 0]$ 上。因此,我们可以用 $\sigma \in [-\tau, 0]$ 求 $x(t)$ 的解。设 x_i 表示第 i 个 τ-区间上的解,则

$$x_i(\sigma) = x_{i-1}(0)\mathrm{e}^{-(\tau+\sigma)} + \mathrm{e}^{-(\tau+\sigma)}\int_{-\tau}^{\sigma} f(x_{i-1}(s), m(s)u_i)\mathrm{e}^{s+\tau}\mathrm{d}s \tag{1.3.20}$$

其中 u_i 表示第 i 个储备池的常量输入,我们假设 $m(\sigma)$ 有有限个间断点。因此, $x_{i-1} \in C_{[-\tau,0]}$。

由于非线性 $x_{i-1} = \varphi_{i-1}$ 的递归性,式(1.3.20)中的积分不能求出解析解。为了 近似积分,要求递归在每个 τ 循环内的相同采样点具有相同估计值。此时,可以应 用牛顿-科茨族数值积分公式。我们使用累积梯形法则,其具有二阶精度,也是其 中最简单的,表达式是

$$\int_a^b g(x)\mathrm{d}x \approx \frac{1}{2}\sum_{j=1}^{N}(\chi_j - \chi_{j-1})(g(\chi_j) + g(\chi_{j-1})), \quad \chi_0 = a, \chi_N = b$$

$$\tag{1.3.21}$$

为了近似式(1.3.20)的积分,考虑非均匀网格 $-\tau = \chi_0 < \cdots < \chi_N = 0$,其中 $\chi_j - \chi_{j-1} = \theta_j$。这样就得到了近似值

$$x_i(\chi_k) \approx x_{i-1}(\chi_N) \exp\left(-\sum_{i=1}^{k} \theta_i\right) +$$

$$\exp\left(-\sum_{i=1}^{k} \theta_i\right) \left[\frac{1}{2}\sum_{i=1}^{k} \theta_j \exp\left(\sum_{i=1}^{j-1} \theta_i\right) f(x_{i-1}(\chi_j), m(\chi_j)u_i) e^{\theta_j} +\right.$$

$$\left. f(x_{i-1}(\chi_{j-1}), m(\chi_{j-1})u_i)\right] \qquad (1.3.22)$$

它可以计算为在每个 τ 循环中所有逼近步骤 χ_j 的累积和。

对储备池的时间步长 i,现在考虑单个虚拟节点 $x_{ik}(1 \leqslant k \leqslant N)$ 的方程。为了便于说明,我们将选择一个等距的虚拟节点采样网格,即假设虚拟节点等距,则 $\tau = N\theta$,其中 N 是虚拟节点的个数。应用式(1.3.21),数值采样网格统一选择为虚拟节点的采样点,使得 $\chi_j = -\tau + j\theta (j = 0, \cdots, N)$。为了得到 x_{ik} 的表达式,须在采样点 $t = -\tau + k\theta$ 的情况下计算方程(1.3.20),因此得到

$$x_{ik} = x_i(k\theta) = x_i((i-1)\tau + k\theta)$$

$$\approx e^{-k\theta} x_{(i-1)N} + \frac{\theta}{2} e^{-k\theta} f(x_{(i-2)N}, J_N(i-1)) +$$

$$\frac{\theta}{2} f(x_{(i-1)k}, J_k(i)) + \sum_{j=1}^{k-1} \underbrace{\theta e^{(j-k)\theta}}_{c_{kj}} f(x_{(i-1)j}, J_j(i)) \qquad (1.3.23)$$

其中,$J_k(i) = m_k u_i$ 表示对节点 k 的掩码输入。

应用式(1.3.23)在计算一个储备池时间步长(τ 周期)中的所有节点时可以做单矢量运算。因此与计算显式常微分方程的二阶数值解相比,DCR 的计算时间将减少几个数量级。

1.4　延时型光电储备池计算的研究进展

RC 与光学领域相结合,一方面是由于发展比较成熟的光通信技术,在光通信领域中,马赫-曾德尔调制器、半导体光放大器及 SL 等技术发展成熟,而且它们都具备非线性的特性,另一方面,激光高速传播的特性在计算速率上具有无可比拟的优势。因此,在光学领域发展和应用 RC 技术成为当前的研究热点,其中对延时型光子 RC 的研究成为焦点。目前,延时型光子 RC 的研究主要集中在光电 RC 及全光 RC 两个方面。

1.4.1 光电储备池计算的研究进展

基于光电系统的 RC 的首次验证是在 2012 年 L. Larger 等人利用电器件和光器件结合构建了光电储备池的基础上实现的,如图 1-9 所示。其中的光电延时振荡器是基于早期的 Ikeda 非线性动态实验。使用的激光器为工作在通信波段(λ 约为 1 550 nm)附近的 SL,该 SL 作为光源发出的光用作信息的载波。非线性器件采用的是 Mach-Zehnder 调制器(MZM),其将信息调制到激光上。用一段光纤产生系统的延时,延时的光信号由光电二极管检测并转换为电信号,与外部注入信号混合,混合信号被注入 MZM 的射频端口,从而构成封闭的反馈回路。其中的放大器用来控制输入信号的缩放。此外,系统中的滤波器用来实现低通或带通滤波。整个系统的响应时间 T_R 则取决于电路中响应最慢的组件的响应时间。

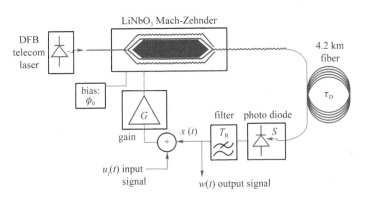

图 1-9 光电反馈 RC 系统示意图

该系统可由式(1.4.1)所示的延迟微分方程来描述:

$$\varepsilon \dot{X}(s) + X(s) = \beta \sin^2(\mu X(s-1) + \rho u(s) + \Phi_0) \tag{1.4.1}$$

式中,延迟时间 τ_D 归一化为 1,相应的 $s = t/\tau_D$ 为归一化时间,$\varepsilon = T_R/\tau_D$ 是振荡器的归一化响应时间,ρ 为输入信号相对于反馈信号 $X(t)$ 的强度,μ 为反馈强度调节因子,Φ_0 为相位补偿。在这个系统中,各个参数都可以精确地调节,反馈增益 β 可以通过激光强度调节,相位偏移 Φ_0 只需通过施加到 MZM 直流电极的电压即可调节。系统的响应时间 T_R 可以很容易地得出,为相应开环结构(将反馈线断开)的响应时间。

L. Larger 等人提出的这个光电反馈 RC 系统使用 $\tau_D = 20.87\ \mu s$ 的反馈环,设置了 400 个虚拟节点,则相邻两个虚拟节点的间隔 $\theta=\tau_D/N=52.18$ ns,其测得的系统响应时间 T_R 为 240 ns。值得注意的是,虚拟节点的间隔 θ 约为 $0.2T_R$,这个设置保证了在每个虚拟节点间隔内系统都能处于瞬态响应。在任务测试中,应用 TI46 数字语音识别任务对系统性能进行了评估。输入 475 个随机选择的训练样本,将系统的暂态响应作为储备池虚拟节点的状态,用于训练读出权重。使用了岭回归计算方法得出 W_{out},并用未参与训练的剩余 25 个样本对储备池性能进行了测试,其识别结果由误字率(WER)定量分析。并进一步分析了系统的 WER 对参数 β 和 Φ_0 的依赖关系,揭示了分类精度敏感地依赖于 Φ_0,且系统取得最佳性能时总是接近非线性函数 $\sin^2(\cdot)$ 取得局部极值处,而反馈强度 β 的调节范围在 $[0.3, 0.6]$ 之间时系统性能最好。该系统测试中得到的语音识别最低误差 WER 为 0.4%,即 500 个数字语音中仅 2 个被错误地分类。为了评估这个光电 RC 系统处理某些需要短期记忆的任务的性能,他们使用了 Santa Fe 混沌时间序列预测任务。这个任务的目标是提前一步预测由远红外激光器输出的混沌时间序列。使用 Santa Fe 数据集中 75% 的数据训练读出权重 W_{out},用余下 25% 的数据做测试来评估预测性能。以 47.9 kSa/s 的输入数据速率执行这项任务,测试结果表明,在接近非线性函数的拐点处系统取得最优性能。使用归一化均方误差(NMSE)作为评估标准时,在 $\Phi_0=0.1\pi$ 和 $\beta=0.2$ 处得到最小预测误差 NMSE 为 0.124。

同年,使用类似的方案,Y. Paquot 等人也报道了光电反馈 RC 的实验研究结果,如图 1-10 所示。他们采用输入数据的周期 T 和反馈时间 τ_D 之间去同步的方法构建储备池内部连接。这里的去同步是指输入数据周期(掩码周期)T 与反馈环的延时 τ_D 不相等,两者相差一个虚拟节点间隔 θ,即 $\tau_D=T+\theta$,这一做法使储备池内部的虚拟节点状态更加复杂,同时可以取得更丰富的暂态响应。在实验中,延迟时间 τ_D 为 8.50 μs,设置了 50 个虚拟节点,则虚拟节点间隔 $\theta=167$ ns,因此系统的数据流输入速率为 120 kSa/s。系统测试的第一项任务是再现由白噪声驱动的 10 阶非线性自回归移动平均(NARMA10)。虽然物理实验中伴随着固有噪声的影响,但是实验结果与理论模拟结果相当,都获得了 NMSE 为 0.1686 ± 0.015 的好结果,反映了该 RC 系统的优异性能。系统测试的第二项任务,作者们使用了 Jaeger 等人在文献[1]中首次提到的非线性信道均衡任务。在信噪比为 28 dB 时,这个光电反馈 RC 系统的测试结果达到了符号错误率(SER)为 1.4×10^{-4},这个结果仍然与理论仿真结果不相上下。此外,这个实验也执行了 TI46 数字语音识别任务,在这项任务中增大虚拟节点数到 200 的情况下,得到最低 WER 为 0.4%,这与 L. Larger 等人报道的结果相当。

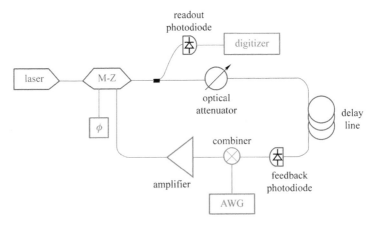

图 1-10　光电反馈 RC 实验系统示意图

2016 年,M. Tezuka 等人提出互耦合光电 RC 方案,如图 1-11 所示。这种方案的优点是采用互耦合光电系统构建储备池。虽然互耦合光电 RC 系统较光电反馈 RC 系统增加了一倍的物理器件数量,但是互耦合光电 RC 系统可以产生更加丰富的虚拟节点状态。在采用慢变掩模信号的情况下,通过 Santa Fe 混沌时间序列预测任务对系统性能进行仿真测试时,以 100 kSa/s 的速率输入数据流,NMSE 可以低至 0.028,这一结果优于相同参数条件下光电反馈 RC 系统模拟的 NMSE 值 0.034。但由于光电 RC 系统不能充分利用光的超快速度,因此这个系统在速度上存在限制。

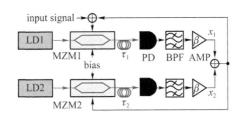

图 1-11　互耦合光电 RC 系统示意图

在国内,大连理工大学的殷洪玺教授课题组对光电 RC 及其应用开展了一些相关的理论及实验研究。该课题组在 2014 年仿真实现了基于光电 RC 的波形识别任务。2015 年,该课题组利用光电反馈 RC 系统仿真实现了手写数字识别任务,使用归一化均方根误差(NRMSE)作为评估标准,获得了最低识别误差 NRMSE 为 22.83%的识别结果,并通过实验研究了光分组头识别任务,测试中对 3 bit 光分组头识别的 WER 为 1.25%。2017 年,该课题组仍基于光电反馈 RC 系统进一步对光分组头识别任务进行了理论仿真及实验研究,实现了对 3 bit~32 bit 光分组头的识别,其中,对 3 bit 分组头识别的 NRMSE 为 0.108 3、WER 为 0,对 32 bit 分组头识别的 NRMSE 为 0.204 4、WER 为 0.75%。2018 年,该课题组利用互耦合光电 RC 系统仿真实现了对两个通道的光分组头(分别为 3 bit、6 bit 或 8 bit、32 bit)进行同步识别。

1.4.2　全光储备池计算的研究进展

在光电型储备池中,信号经历了光电转换的过程,这个过程中不仅造成了噪声的增加,还因为电路带宽的影响限制了数据处理速率,降低了能量利用效率。而全光型储备池则避免了这些弊端。

最早的全光储备池是在 2011 年由 K. Vandoorne 等人利用半导体光放大器(SOA)构建的,是基于传统空间型储备池的概念,利用多个半导体光放大器组建的一个神经网络。由于空间型储备池结构复杂,这种全光型储备池在应用中受到了限制。2012 年,F. Duport 等人使用延时型储备池的概念将 SOA 放置于延时环内,构建出了结构简单的全光储备池系统。由于 SOA 进入饱和状态时会具有类似于双曲正切的非线性特性,而如前文所述,这种非线性神经元经常用在 ANNs 中,因此他们选用 SOA 作为延时型储备池中的非线性节点。其实验系统如图 1-12 所示。

在这个系统中,研究者们采用了输入数据周期 T 与延迟时间 τ_D 之间去同步的方法,设置虚拟节点数 $N=50$,延时为 $\tau_D=7.943\,7\,\mu s$。实验中使用 MZM 将掩码后的信号调制到 SL(波长为 1 560 nm)发出的光上,而后光信号经过延时环路后便直接与新输入的光信号耦合而不经过电路的转换。系统中 SOA 作为非线性器件完成输入信息的高维映射。该实验测试了系统的记忆能力,分别获得了 20.8 的线性记忆能力和 28.84 的总记忆能力,但是明显低于之前报道的光电反馈 RC 系统的线性记忆能力为 31.9、总记忆能力为 48.7 的结果。在对信道均衡任务进行测试时,在信噪比为 28 dB 的情况下,这个全光 RC 系统的 SER 为 5.5×10^{-4},这一结果也稍逊色于光电反馈 RC 的 SER 值 1.4×10^{-4}。究其原因是 SOA 内部的噪声导致信噪比下降,从而影响了系统的性能。另外,这个实验中所用的非线性器件

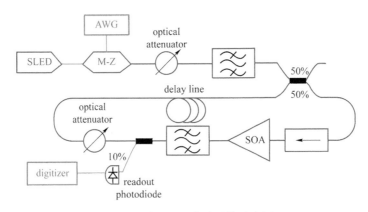

图 1-12　全光 RC 实验系统示意图

SOA 只有在饱和情况下才能产生非线性效应,这造成了能耗的增加且其非线性较弱,因此系统的记忆能力不如光电反馈 RC 系统的高。但是,这一研究拉开了全光 RC 研究的序幕,随后相继出现了以 SL、半导体饱和吸收镜以及相干驱动无源腔等作为非线性器件实现的全光 RC 方案。

　　SL 由于其能效高、带宽高、在光注入或光反馈下表现出丰富的非线性动态而广受关注。既然理论上任何非线性器件都能构建储备池,那么利用 SL 构建的储备池性能如何呢? 2013 年,D. Brunner 等人成功地将 SL 与 RC 结合起来,他们采用 SL 作为非线性节点构建了基于 SL 的延时型储备池,实现了基于 SL 的全光 RC,其全光 RC 实验系统如图 1-13 所示。这个系统由电信通信中常用的 SL、光环形器、分束器、调节器、偏振控制器等器件构成,结构简单,且这些器件都是广泛应用于光通信行业的成熟设备。在这个系统中,信息的注入可以通过两种方式进行。一种是电注入,即直接调制 SL 已加载输入信号的泵浦电流;另一种是光注入,即调制可调激光器发出的激光,然后注入系统。两种注入方式产生的信号都会在延时之后反馈回 SL,从而产生丰富的动态响应。相比于光电反馈 RC 系统,这个系统的反馈环的延时 τ_D 明显降低为 77.6 ns。他们采用了数据周期 T 与反馈延时 τ_D 同步的方式,即 $T = \tau_D$,因此,系统的数据处理速率达到了 12.9 MSa/s。实验中设置了 388 个虚拟节点,因此节点间隔 $\theta = \tau_D / N = 0.2$ ns。这个节点间隔明显低于光电储备池中所设置的 $\theta = 167$ ns,这也得益于 SL 弛豫振荡频率较高。所用 SL 当泵浦电流由 9 mA 增加至 20 mA 时,其弛豫振荡频率 f_{Ro} 从 1.4 GHz 增加到 5 GHz,因此其响应时间达到纳秒级。实验中采用数字语音识别及 Santa Fe 时间序列预测两个任务对系统性能进行评估,并对比了光注入和电注入两种方案,结果表明,光注入方式获得的结果要好于电注入方式获得的结果。同时,研究者们讨论了系统性能与 SL 泵浦电流的关系,得出当 SL 运行在阈值电流附近时其性能更好。此外,在平行光注入及偏振旋转光反馈的情况下,测试非线性信道均衡任务得到的WER 为 1.4×10^{-4},在预测 Santa Fe 混沌时间序列任务时预测误差 NMSE 为 0.16。

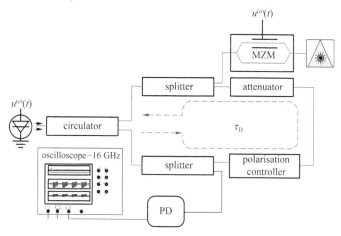

图 1-13   基于 SL 的全光 RC 实验系统示意图

在 D. Brunner 等人提出的基于 SL 的全光 RC 方案被报道后,相继出现了多种基于 SL 的全光 RC 硬件实现方案。2014 年,R. M. Nguimdo 等人利用 SL 的相位响应获得了更高的数据处理速率,以 0.25 GSa/s 的数据处理速率执行 Santa Fe 混沌时间序列预测任务,仿真测试的 NMSE 低于 4%。同时,这种全光 RC 方案可以降低对外腔长度的要求,允许采用更短的外腔长度,从而有利于 RC 用芯片集成。2016 年,J. Nakayama 等人在基于单光反馈 SL 的全光 RC 系统中提出采用混沌掩码来提高 RC 系统的性能,他们的系统方案如图 1-14 所示。仿真结果表明,在输入数据流速率为 25 MSa/s 的情况下,采用混沌掩码后 Santa Fe 混沌时间序列的预测误差 NMSE 可以低至 0.8%。2018 年,该研究组又通过实验进一步验证了他们的结论的正确性。2017 年,R. M. Nguimdo 等人基于二极管泵浦掺铒微芯片SL 结合光反馈延时环构建了全光 RC 的实验方案,其实验系统如图 1-15 所示。其新颖之处是所用数据周期为 2.4 μs,远大于反馈延迟时间 630 ns,且输入的数据直接被耦合到反馈环路中。在以 0.4 MSa/s 的数据处理速率预测 Santa Fe 混沌时间序列任务时,得到 NMSE 为(12±4)%。同年,J. Bueno 等人利用光注入延时反馈 SL 作为储备池实现了全光 RC,其实验系统如图 1-16 所示。该系统以 15 kSa/s 的输入数据流对 Mackey-Glass 电路产生的混沌时间序列进行预测,所得最低 NMSE 为 1.9%。

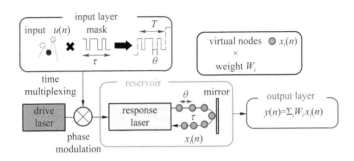

图 1-14 基于单光反馈 SL 的全光 RC 系统示意图

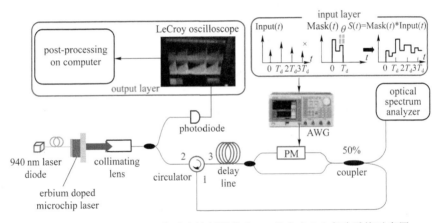

图 1-15 基于光反馈二极管泵浦掺铒微芯片 SL 的全光 RC 实验系统示意图

在国内,2014 年,清华大学的冯雪等人为了在高速信息处理速率下提高 RC 的准确率,提出了一种基于分层时间复用结构的全光 RC 方案,如图 1-17 所示,采用微环阵列实现延时,在其输出端口通过多模干涉分路器和延迟线阵列实现二次时间复用。这种分层的时间复用结构可以支持储备池拥有更多的节点,同时提高了信息处理速度。仿真结果表明,在 1.3 GSa/s 的数据流输入速率下,Santa Fe 混沌时间序列预测任务的 NMSE 为 2.7%,信号分类任务的 NMSE 为 0.5%。2016 年,大连理工大学的殷洪玺教授课题组提出了一种用于识别光分组交换网络中分

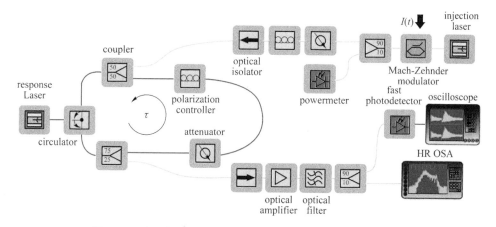

图 1-16 基于光注入的光反馈 SL 的全光 RC 实验系统示意图

组头类型的全光 RC 系统,如图 1-18 所示。利用该 RC 系统分别对 3 bit 和 32 bit 的组头进行仿真识别,获得的最低 WER 分别为 0.625% 和 2.25%。此外,该课题组对系统在两个偏振方向下的识别效果进行了对比,得出在偏振保持光反馈状态下系统识别效果较好。

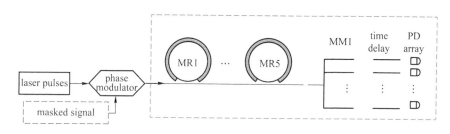

图 1-17 基于分层时间复用结构的全光 RC 方案示意图

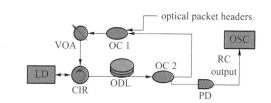

图 1-18 用于识别光分组头的全光 RC 系统示意图

然而,由于时分复用结构导致延时型全光 RC 系统的并行计算能力较传统空间型 RC 系统的低,因此一些研究人员开始尝试开发全光 RC 系统的并行计算能

力,并已初见成效。2015 年,R. M. Nguimdo 等人对基于 SL 的延时型储备池进行了改进,使用半导体环形激光器(SRL)构建了延时型全光储备池,在同一个储备池中利用 SRL 的顺时针和逆时针两种光模式同时执行两个不同的信息处理任务。理论上,光学领域所提供的并行性允许使用单个非线性节点同时处理不同的数据信号。例如,可以在多纵模激光器的不同波长处或在激光器的不同方向模式中处理特定任务,但前提条件是各模式之间由于器件缺陷或材料效应引起的耦合影响可以忽略不计。而 SRL 就是能提供两种模式并行的设备,它可以实现多纵模和两种方向的光模式〔即顺时针(CW)和逆时针(CCW)方向〕,而且具有可扩展性,可以在芯片上轻松实现且不需要分布式反馈或分布式布拉格反射镜,还能轻松实现多个输出端口(用于耦合输出光)。鉴于环形激光器的上述特点,研究者们用其构建了并行 RC 系统,如图 1-19 所示。在这个系统中,通过光注入的方式,由两个 MZM 将两组数据连续地注入非线性节点(即 SRL)中,在考虑自反馈(CW 和 CCW 两种方向的模式各自反馈)或交叉反馈两种反馈情况下,最后分别读出两个模式的光强信号作为储备池虚拟节点的状态,用于后续的训练及测试。在具体理论模拟中,利用 SRL 慢变复电场和载流子的速率方程在 CW 中注入被掩码信号 $S_1(t)$ 输出信号 $|E_1|^2$,而在 CCW 中注入被掩码信号 $S_2(t)$ 输出信号 $|E_2|^2$。利用 $|E_1|^2$ 和 $|E_2|^2$ 构建按虚拟节点采样的光强矩阵 $\boldsymbol{X}^{N \times M}$,从而计算读出层连接权重,其中,$N$ 和 M 分别是储备池虚拟节点数和用于训练的样本数。

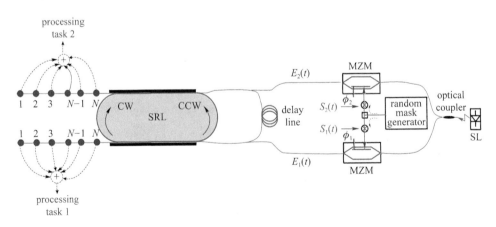

图 1-19　基于半导体环形激光器的并行 RC 系统示意图

延时型 RC 系统取得好的性能的前提条件是在无数据输入时系统保持稳定,

而在有数据输入时既能产生高维映射(引起非线性瞬态响应),又不失输入信息的特征,这也可以归纳为储备池的近似性和分离性,在后面的章节将详细分析。而SL 在光注入及光反馈下会产生单周期、倍周期和混沌等非线性动力学态,因此研究者们首先分析了系统在不同注入电流下的分岔图,并选取了稳态区域的参数用于对系统并行性能的测试。在模拟中,设置虚拟节点数 $N=200$,反馈延时为 4 ns,其虚拟节点间隔 θ 仅为 20 ps,输入数据速率达到了 0.25 GSa/s。其先后测试了同时处理两个 Santa Fe 时间序列预测任务、同时处理两个非线性信道均衡任务以及同时处理 Santa Fe 时间序列预测和非线性信道均衡两个不同属性的任务。在自反馈的情况下同时处理两个不同属性的任务时,获得 Santa Fe 时间序列预测的NMSE 为 0.031 ± 0.01,非线性信道均衡的 WER 为 0.040 ± 0.015。这些结果相对于处理单一任务时的系统性能有所下降,原因在于两种模式存在一定的耦合干扰。但是这种在同一储备池上同时执行多任务的尝试为开发光学储备池的并行计算能力提供了一种启发。

2018 年,大连理工大学的殷洪玺教授课题组将 R. M. Nguimdo 等人提出的这个基于 SRL 的并行 RC 系统应用于光分组头识别任务中,仿真实现了对两个通道的光分组头在 4 bit~32 bit 范围内进行同步识别。此外,该课题组还提出了基于直调激光器的光反馈并行 RC 系统和基于互耦合光电反馈的并行 RC 系统,用于两个通道的光分组头识别。

上面详细介绍了光电 RC 及全光 RC 的研究进展。此外,关于延时型光学 RC 的一些其他研究及应用被相继报道。延时型光学 RC 将继续向高速、高性能及并行计算的方向发展。

1.5 本书的结构安排

在过去几年,基于 SL 的延时型 RC 的相关研究取得了飞速发展,其在计算精度、数据处理速率以及处理复杂任务的能力上展现了明显的优势。RC 的概念结合SL 的能耗低、带宽高、易集成、非线性动态丰富等特点,使得基于 SL 的全光 RC 在未来人工智能领域具有广阔的应用前景。然而基于 SL 的延时型 RC 的研究尚存在一些问题,例如,如何产生合适的掩码来激发更丰富的储备池内部动态以提高储备池性能。同时,在如何设计新结构以进一步提高计算精度和数据处理速率方面有待系统地研究。此外,储备池并行处理信息的能力也有待进一步发掘。因此,本书主要对基于 SL 构建的延时型全光 RC 系统进行了理论研究,针对混沌掩码的产生及其时延和复杂度特性分析、RC 系统理论模型的建立、系统关键参数对预测和分类性能以及记忆能力的影响等几个方面的问题进行了讨论,提出了基于双光反馈 SL 系统的储备池、基于互耦合 SLs 系统的储备池以及并行处理两个任务的并行储备池。本书各章的具体内容安排如下。

第 1 章主要介绍 RC 的研究意义及研究背景,与 RC 概念相关的人工神经网络的基本理论,RC 的基本概念及其原理,以及延时型光子 RC 的研究进展,最后介绍本书的主要研究工作及布局。

第 2 章主要介绍 SL 在自由运行、光反馈、光注入及相互耦合作用下的理论模型及动态特性,分析在 RC 输入层的数据预处理过程中混沌掩码对系统性能的影响,详细讨论优质混沌掩码信号的产生方法及其时延和复杂度特性。

第 3 章提出基于双光反馈 SL 的 RC 系统,通过扩展的 L-K 方程建立系统的数学模型,并依据此模型进行仿真研究。重点对两条反馈环延迟时间的选择进行分析,并应用 Santa Fe 混沌时间序列预测任务进行系统性能的测试。同时,对基于单、双光反馈 SL 的 RC 系统的预测性能进行比较,并通过进一步对比两个储备池的虚拟节点状态、记忆能力、记忆质量等方面的差异,揭示两个 RC 系统预测性能存在差异的原因。

第 4 章提出基于互耦合 SLs 的 RC 系统,使用 Santa Fe 混沌时间序列预测任务及波形识别任务进行系统性能的测试,分析基于互耦合 SLs 的 RC 系统中耦合强度、掩码缩放因子等典型参数对系统性能的影响。在此基础上使用 NARMA10 任务对互耦合和去耦合两种结构的储备池从预测性能、虚拟节点状态、记忆能力以及记忆质量等方面进行对比及分析。

第 5 章研究基于互耦合 SLs 的 RC 系统并行处理两个任务的能力。利用 Santa Fe 混沌时间序列预测任务和非线性信道均衡任务测试系统的并行计算能力,并讨论耦合强度、注入强度、掩码缩放因子等典型参量对系统并行计算能力的影响。最后,进一步对系统的记忆能力及分离性进行研究。

第 6 章主要介绍基于 SFM 模型的 VCSEL 基本理论,给出自由运行 VCSEL 理论模型的推导过程,并进一步阐述光反馈 VCSEL、光注入 VCSEL、正交互耦合 VCSELs 的 SFM 拓展模型,为构建基于 VCSEL 的储备池计算提供必要的理论依据。在此基础上,介绍基于 VCSEL 非线性动力学特性开展的 RC 研究。

第 7 章进行总结及展望。

本章参考文献

[1] Jaeger H,Haas H. Harnessing nonlinearity:predicting chaotic systems and saving energy in wireless communication. Science,2004,304(5667):78-80.

[2] Buonomano D,Merzenich M. Temporal information transformed into a spatial code by a neural network with realistic properties. Science,1995,267(5200): 1028-1030.

[3] Jaeger H. The 'echo state' approach to analyzing and training recurrent neural networks-with an erratum note. Technical Report GMD Report 148, German National Research Center for Information Technology,2001.

[4] Maass W, Natschläger T, Markram H. Real-time computing without stable states: a new framework for neural computation based on perturbations. Neural Comput. ,2002,14(11):2531-2560.

[5] Verstraeten D,Schrauwen B,D'Haene M,et al. An experimental unification of reservoir computing methods. Neural Netw. ,2007,20(3):391-403.

[6] Rodan A,Tino P. Simple deterministically constructed recurrent neural networks. Intelligent Data Engineering and Automated Learning (IDEAL), Springer,2010:267-274.

[7] Lukoševičius M,Jaeger H,Schrauwen B. Reservoir computing trends. Künstl. Intell. ,2012,26(4):365-371.

[8] Lukoševičius M,Jaeger H. Reservoir computing approaches to recurrent neural network training. Comput. Sci. Rev. ,2009,3(3):127-149.

[9] Triefenbach F,Jalal A,Schrauwen B,et al. Phoneme recognition with large hierarchical reservoirs. Advances in Neural Information Processing Systems,2010,23:2307-2315.

[10] Boccato L,Lopes A,Attux R,et al. An echo state network architecture based on Volterra filtering and PCA with application to the channel

equalization problem. International Joint Conference on Neural Networks, IEEE, 2011: 580-587.

[11] Boccato L, Lopes A, Attux R, et al. An extended echo state network using volterra filtering and principal component analysis. Neural Netw., 2012, 32(2): 292-302.

[12] Antonelo E A, Schrauwen B, Stroobandt D. Event detection and localization for small mobile robots using reservoir computing. Neural Netw., 2008, 21(6): 862-871.

[13] Buteneers P, Verstraeten D, Van Mierlo P, et al. Automatic detection of epileptic seizures on the intra-cranial electroencephalogram of rats using reservoir computing. Artif. Intell. Med., 2011, 53(3): 215-223.

[14] 蒋宗礼. 人工神经网络导论. 1版. 北京: 高等教育出版社, 2001.

[15] Rumelhart D E, Hinton G E, Williams R J. Learning representations by back-propagating errors. Nature, 1986, 323(6088): 533-536.

[16] Funahashi K, Nakamura Y. Approximation of dynamical systems by continuous time recurrent neural networks. Neural Netw., 1993, 6(6): 801-806.

[17] Kilian J, Siegelmann H T. The dynamic universality of sigmoidal neural networks. Inf. Comput., 1996, 128: 48-56.

[18] Grigoryeva L, Ortega J-P. Echo state networks are universal. Neural Netw., 2018, 108: 495-508.

[19] Douglas R J, Martin K A C. Recurrent neuronal circuits in the neocortex. Curr. Biol., 2007, 17(13): 496-500.

[20] 彭宇, 王建民, 彭喜元. 储备池计算概述. 电子学报, 2011, 39(10): 2387-2396.

[21] Brunner D, Penkovsky B, Marquez B A, et al. Tutorial: photonic neural networks in delay systems. J. Appl. Phys., 2018, 124(15): 152004.

[22] Lukoševičius M. A practical guide to applying echo state networks. Neural Networks: Tricks of the Trade, Springer, 2012: 659-686.

[23] Jaeger H. Short term memory in echo state networks. Technical Report GMD Report, German National Research Center for Information

Technology, 2002.

[24] Rodan A, Tino P. Minimum complexity echo state network. IEEE Trans. Neural Networks, 2011, 22(1): 131-144.

[25] Atiya A F, Parlos A G. New results on recurrent network training: unifying the algorithms and accelerating convergence. IEEE Trans. Neural Networks, 2000, 11(3): 697-709.

[26] Jaeger H, Lukoševičius M, Popovici D, et al. Optimization and applications of echo state networks with leaky-integrator neurons. Neural Netw. , 2007, 20 (3): 335-352.

[27] Hénon M. A two-dimensional mapping with a strange attractor. Commun. Math. Phys. , 1976, 50(1): 69-77.

[28] Xue Y, Yang L, Haykin S. Decoupled echo state networks with lateral inhibition. Neural Netw. , 2007, 20(3): 365-376.

[29] Vandoorne K, Mechet P, Vaerenbergh T V, et al. Experimental demonstration of reservoir computing on a silicon photonics chip. Nat. Commun. , 2014, 5: 3541.

[30] Appeltant L, Soriano M C, Sande G V d, et al. Information processing using a single dynamical node as complex system. Nat. Commun. , 2011, 2: 468.

[31] Neyer A, Voges E. Dynamics of electrooptic bistable devices with delayed feedback. IEEE J. Quantum Electron. , 1982, 18(12): 2009-2015.

[32] Larger L, Lacourt P-A, Poinsot S, et al. From flow to map in an experimental high-dimensional electro-optic nonlinear delay oscillator. Phys. Rev. Lett. , 2005, 95(4): 043903.

[33] Kouomou Y C, Colet P, Larger L, et al. Chaotic breathers in delayed electro-optical systems. Phys. Rev. Lett. , 2005, 95(20): 203903.

[34] Callan K E, Illing L, Gao Z, et al. Broadband chaos generated by an optoelectronic oscillator. Phys. Rev. Lett. , 2010, 104(11): 113901.

[35] Soriano M, García-Ojalvo J, Mirasso C, et al. Complex photonics: dynamics and applications of delay-coupled semiconductors lasers. Rev. Mod. Phys. ,

2013, 85(1): 421.

[36] Argyris A, Syvridis D, Larger L, et al. Chaos-based communications at high bit rates using commercial fibre-optic links. Nature, 2005, 438 (7066): 343-346.

[37] Larger L. Complexity in electro-optic delay dynamics: modelling, design and applications. Phil. Trans. R. Soc., 2013, 371(1999): 20120464.

[38] Peil M, Fischer I, ElsäBer W. Spectral broadband dynamics of semiconductor lasers with resonant short cavities. Phys. Rev. A, 2006, 73(2): 023805.

[39] Yao X S, Maleki L. High frequency optical subcarrier generator. Electron. Lett., 1994, 30(18): 1525.

[40] Chembo Y K, Volyanskiy K, Larger L, et al. Determination of phase noise spectra in optoelectronic microwave oscillators: a Langevin approach. IEEE J. Quantum Electron., 2009, 45(2): 178.

[41] Maleki L. The optoelectronic oscillator. Nat. Photonics, 2011, 5: 728-730.

[42] Brunner D, Luna R, Delhom A, et al. Semiconductor laser linewidth reduction by six orders of magnitude via delayed optical feedback. Opt. Lett., 2017, 42(1): 163.

[43] Uchida A, Amano K, Inoue M, et al. Fast physical random bit generation with chaotic semiconductor lasers. Nat. Photonics, 2008, 2 (12): 728-732.

[44] Fang X, Wetzel B, Merolla J-M, et al. Noise and chaos contributions in fast random bit sequence generated from broadband optoelectronic entropy sources. IEEE Trans. Circ. Syst. I, 2014, 61(3): 888-901.

[45] Cohen A B, Ravoori B, Murphy T E, et al. Using synchronization for prediction of high-dimensional chaotic dynamics. Phys. Rev. Lett., 2008, 101(15): 154102.

[46] Murphy T E, Cohen A B, Ravoori B, et al. Complex dynamics and synchronization of delayed-feedback nonlinear oscillators. Phil. Trans. R. Soc. A, 2010, 368(1911): 343-366.

[47] Ravoori B, Cohen A B, Sun J, et al. Robustness of optimal synchronization in

real networks. Phys. Rev. Lett. , 2011, 107(3): 034102.

[48] Illing L, Hoth G, Shareshian L, et al. Scaling behavior of oscillations arising in delay-coupled optoelectronic oscillators. Phys. Rev. E, 2011, 83: 026107.

[49] Illing L, Panda C D, Shareshian L. Isochronal chaos synchronization of delay-coupled optoelectronic oscillators. Phys. Rev. E, 2011, 84: 016213.

[50] Brunner D, Soriano M C, Porte X, et al. Experimental phase-space tomography of semiconductor laser dynamics. Phys. Rev. Lett. , 2015, 115(5): 053901.

[51] Mc Namara B, Wiesenfeld K, Roy R. Observation of stochastic resonance in a ring laser. Phys. Rev. Lett. , 1988, 60(25): 2626-2629.

[52] Mackey M C, Glass L. Oscillation and chaos in physiological control systems. Science, 1977, 197: 287-289.

[53] Namajunas A, Pyragas K, Tamasevicius A. An electronic analog of the Mackey-Glass system. Phys. Lett. A, 1995, 201: 42-46.

[54] Sano S, Uchida A, Yoshimori S, et al. Dual synchronization of chaos in Mackey-Glass electronic circuits with time-delayed feedback. Phys. Rev. E, 2007, 75: 016207.

[55] Demidenko G V, Likhoshvai V A, Mudrov A V. On the relationship between solutions of delay differential equations and infinite-dimensional systems of differential equations. Differ. Equ. , 2009, 45: 33-45.

[56] Larger L, Soriano M C, Brunner D, et al. Photonic information processing beyond Turing: an optoelectronic implementation of reservoir computing. Opt. Express, 2012, 20(3): 3241-3249.

[57] Larger L, Goedgebuer J P, Udaltsov V S. Ikeda-based nonlinear delayed dynamics for application to secure optical transmission systems using chaos. C. R. Phys. , 2004, 5(6): 669-681.

[58] Udaltsov V S, Larger L, Goedgebuer J, et al. Bandpass chaotic dynamics of electronic oscillator operating with delayed nonlinear feedback. IEEE Trans. Circuits Syst. I Fundam. Theory Appl. , 2002, 49(7): 1006-1009.

[59] Paquot Y, Duport F, Smerieri A, et al. Optoelectronic reservoir computing.

Sci. Rep. , 2012, 2: 287.

[60] Tezuka M, Kanno K, Bunsen M. Reservoir computing with a slowly modulated mask signal for preprocessing using a mutually coupled optoelectronic system. Jpn. J. Appl. Phys. , 2016, 55(8): 08RE06.

[61] Jin Y, Zhao Q C, Yin H X, et al. Handwritten numeral recognition utilizing reservoir computing subject to optoelectronic feedback. 11th International Conference on Natural Computation (ICNC), IEEE, 2015: 1165-1169.

[62] Qin J, Zhao Q C, Yin H X, et al. Numerical simulation and experiment on optical packet header recognition utilizing reservoir computing based on optoelectronic feedback. IEEE Photon. J. , 2017, 9(1): 7901311.

[63] Zhao Q C, Yin H X, Zhu H G. Simultaneous recognition of two channels of optical packet headers utilizing reservoir computing subject to mutual-coupling optoelectronic feedback. Optik, 2018, 157: 951-956.

[64] Vandoorne K, Dambre J, Verstraeten D, et al. Parallel reservoir computing using optical amplifers. IEEE Trans. Neural Netw. , 2011, 22(9): 1469-1481.

[65] Duport F, Schneider B, Smerieri A, et al. All-optical reservoir computing. Opt. Express, 2012, 20(20): 22783-22795.

[66] Brunner D, Soriano M C, Mirasso C R, et al. Parallel photonic information processing at gigabyte per second data rates using transient states. Nat. Commun. , 2013, 4: 1364.

[67] Dejonckheere A, Duport F, Smerieri A, et al. All-optical reservoir computer based on saturation of absorption. Opt. Express, 2014, 22(9): 10868-10881.

[68] Vinckier Q, Duport F, Smerieri A, et al. High performance photonic reservoir computer based on a coherently driven passive cavity. Optica, 2015, 2(5): 438-446.

[69] Wieczorek S, Krauskopf B, Simpson T B, et al. The dynamical complexity of optically injected semiconductor lasers. Phys. Rep. , 2005, 416: 1-128.

[70] Nguimdo R M, Verschaffelt G, Danckaert J, et al. Fast photonic information processing using semiconductor lasers with delayed optical feedback: role of

phase dynamics. Opt. Express, 2014, 22 (7): 8672-8686.

[71] Nakayama J, Kanno K, Uchida A. Laser dynamical reservoir computing with consistency: an approach of a chaos mask signal. Opt. Express, 2016, 24(8): 8679-8692.

[72] Kuriki Y, Nakayama J, Takano K, et al. Impact of input mask signals on delay-based photonic reservoir computing with semiconductor lasers. Opt. Express, 2018, 26(5): 5777-5788.

[73] Nguimdo R M, Lacot E, Jacquin O, et al. Prediction performance of reservoir computing systems based on a diode-pumped erbium-doped microchip laser subject to optical feedback. Opt. Lett. , 2017, 42(3): 375-378.

[74] Bueno J, Brunner D, Soriano M C, et al. Conditions for reservoir computing performance using semiconductor lasers with delayed optical feedback. Opt. Express, 2017, 25(3): 2401-2412.

[75] Zhang H, Feng X, Li B X, et al. Integrated photonic reservoir computing based on hierarchical time-multiplexing structure. Opt. Express, 2014, 22 (25): 31356-31370.

[76] Qin J, Zhao Q C, Xu D J, et al. Optical packet header identification utilizing an all-optical feedback chaotic reservoir computing. Mod. Phys. Lett. B, 2016, 30(16): 1650199.

[77] Nguimdo R M, Verschaffelt G, Danckaert J, et al. Simultaneous computation of two independent tasks using reservoir computing based on a single photonic nonlinear node with optical feedback. IEEE Trans. Neural Networks Learn. Syst. , 2015, 26(12): 3301-3307.

[78] Khoder M, Verschaffelt G, Nguimdo R M, et al. Controlled multiwavelength emission using semiconductor ring lasers with on-chip filtered optical feedback. Opt. Lett. , 2013, 38(14): 2608-2610.

[79] Peréz-Serrano A, Javaloyes J, Balle S. Directional reversals and multimode dynamics in semiconductor ring lasers. Phys. Rev. A, 2014, 89(2): 023818.

[80] Sorel M, Giuliani G, Sciré A, et al. Operating regimes of GaAs-AlGaAs

semiconductor ring lasers: experiment and model. IEEE J. Quantum Electron. , 2003, 39(10): 1187-1195.

[81] Sprott J C. A simple chaotic delay differential equation. Phys. Lett. A, 2007, 366: 397-402.

[82] Uchida A, Yoshimura K, Davis P, et al. Local conditional Lyapunov exponent characterization of consistency of dynamical response of the driven Lorenz system. Phys. Rev. E, 2008, 78: 036203.

[83] Oliver N. Consistency properties of a chaotic semiconductor laser driven by optical feedback. Phys. Rev. Lett. , 2015, 114: 123902.

[84] Bao X R, Zhao Q C, Yin H X, et al. Recognition of the optical packet header for two channels utilizing the parallel reservoir computing based on a semiconductor ring laser. Mod. Phys. Lett. B, 2018, 32(14): 1850150.

[85] Martinenghi R, Rybalko S, Jacquot M, et al. Photonic nonlinear transient computing with multiple-delay wavelength dynamics. Phys. Rev. Lett. , 2012, 108(24): 244101.

[86] Brunner D, Cornelles M, Soriano M, et al. High-speed optical vector and matrix operations using a semiconductor laser. IEEE Photonics Technol. Lett. , 2013, 25(17): 1680-1683.

[87] Haynes N D, Soriano M C, Rosin D P, et al. Reservoir computing with a single time-delay autonomous Boolean node. Phys. Rev. E, 2015, 91(2): 020801.

[88] 韩敏, 王亚楠. 基于 Kalman 滤波的储备池多元时间序列在线预报器. 自动化学报, 2010, 36: 169-173.

[89] 赵清春, 殷洪玺. 混沌光子储备池计算研究进展. 激光与光电子学进展, 2013, 50: 030003.

[90] 李磊, 方捻, 王陆唐, 等. 储备池计算硬件实现方案研究进展. 激光与光电子学进展, 2017, 54: 080005.

[91] Ortín S, Pesquera L. Reservoir computing with an ensemble of time-delay reservoirs. Cogn. Comput. , 2017, 9(3): 327-336.

[92] Vatin J, Rontani D, Sciamanna M. Enhanced performance of a reservoir

computer using polarization dynamics in VCSELs. Opt. Lett. , 2018, 43 (18): 4497-4500.

[93] Yue D Z, Wu Z M, Hou Y S, et al. Performance optimization research of reservoir computing system based on an optical feedback semiconductor laser under electrical information injection. Opt. Express, 2019, 27(14): 19931-19939.

[94] Xia G Q, Hou Y S, Wu Z M. Prediction performance of reservoir computing using a semiconductor laser with double optical feedback. Pacific Rim Conference on Lasers and Electro-Optics (CLEO-Pacific Rim) 2018, OSA Technical Digest (Optical Society of America, 2018), paper W1D. 3, 2018.

[95] Yue D Z, Wu Z M, Hou Y S, et al. Effects of some operation parameters on the performance of a reservoir computing system based on a delay feedback semiconductor laser with information injection by current modulation. IEEE Access, 2019, 7: 128767-128773.

[96] Tan X S, Hou Y S, Wu Z M, et al. Parallel information processing by a reservoir computing system based on a VCSEL subject to double optical feedback and optical injection. Opt. Express, 2019, 27 (18): 26070-26079.

[97] Hou Y S, Xia G Q, Jayaprasath E, et al. Parallel information processing using a reservoir computing system based on mutually coupled semiconductor lasers. Appl. Phys. B, 2020, 126(3): 40.

[98] Hou Y S, Xia G Q, Jayaprasath E, et al. Prediction and classification performances of reservoir computing system using mutually delay-coupled semiconductor lasers. Opt. Commun. , 2019, 433: 215-220.

[99] Hou Y S, Xia G Q, Yang W Y, et al. Prediction performance of reservoir computing system based on a semiconductor laser subject to double optical feedback and optical injection. Opt. Express, 2018, 26(8): 10211-10219.

第2章 基于半导体激光器储备池计算的相关理论

2.1 引 言

激光器的发明要追溯到 1958 年, Schawlow 和 Townes 观测到受激发光现象。1960 年 3 月, 美国科学家 Maiman 发明了人类历史上第一台红宝石激光器。1960 年 12 月, He-Ne 研制成功, 自此激光开始出现在人们的视野中并开启了蓬勃的发展历程。到 1962 年, 美国麻省理工学院林肯实验室的 Quist 和 Keyes 观察到 GaAs 材料在电泵浦下具有很高的发光效率, 同年 9 月, Hall 小组研制出首台 GaAs 半导体激光器(SL)。随后, Nathan 等人、Quist 等人以及 Holoyak 等人都报道了利用半导体材料研制的激光器。在 SL 中的有源区电子和空穴的复合提供了光增益, 而半导体打磨的断面构成了谐振腔, 这也是所有激光器所必需的两个条件。据此应用直接带隙半导体材料, 如 InAs、InP、GaAsP、GaInAs 及 InPAs, 而获得了不同补偿的激光。但早期的 SL 泵浦电流大、激光器寿命短以及不能在室温下工作, 技术并不成熟。1969 年, 异质结 SL 被发明并成功在室温下工作, 但只能工作于脉冲发光模式, 到 1970 年才研制出在室温下连续工作的 SL。在不断的探索中, 1979 年, 在超低损耗(0.2 dB/km)光纤成功研制的激励下, 多个研究小组都研制出了 InGaAsP 在波长 1 550 nm 范围内工作的 SL, 从此开启了光纤通信时代。SL 除了被用于光通信中, 还因其体积小、寿命长(可达 8 000~12 000 小时)、易于集成及泵浦方式简单高效的优点而被广泛应用于激光测距、精密仪器加工、环境检测、信息处理以及医疗等领域。而 SL 与 RC 概念结合的重要原因是其具有丰富的非线性动态, 且其运行于各动态区间的参量可控, 只需调整一些外部参量, 如光注入强度、频率失谐、反馈强度等, 就可以控制激光器处于稳态、周期态、多周期态以及混沌态等。

　　本章是应用 SL 构建 RC 的基础理论研究部分。首先,本章介绍 SL 在自由运行、外部光反馈(简称光反馈)、外部光注入(简称光注入)及相互耦合(简称互耦合)作用下的速率方程模型,并依据光反馈、光注入下 SL 的速率方程模型,分别分析在这些附加扰动下 SL 系统的动力学行为,为后续章节构建基于 SL 的储备池提供必要的理论依据。其次,本章结合光反馈 SL 系统,对 RC 输入层数据进行掩码的必要性及掩码过程进行详细分析和介绍,并对本书中 RC 采用混沌掩码的依据及所用混沌掩码的产生过程进行详细阐述。

2.2　半导体激光器的相关理论模型

　　SL 谐振腔内部的电磁场满足麦克斯韦方程组,因此其理论模型的推导源自波动方程。SL 与固体激光器、气体激光器等其他类型的激光器的理论模型有相同之处,但因其材料的特殊性又具有自身特点。由于 SL 对附加的扰动十分敏感,容易在不同扰动条件下表现出不同动力学行为,因此其受到了研究者们的高度关注和深入研究,这些研究成果已经被广泛应用于各个领域。对 SL 附加的常见扰动有:光反馈、光注入、外部光电反馈、电流调制、互耦合等。鉴于本书的研究内容,本节将主要介绍 SL 分别在光反馈、光注入及互耦合作用下的速率方程模型。

　　常用的 SL 根据有源区的结构和发光特点可分为垂直腔面发射激光器(VCSEL)和边发射激光器(EEL)两类。VCSEL 的腔体主要由底部和顶部的多层分布反馈布拉格反射镜、含有输出窗口的导电限制区、增益介质有源层以及半导体衬底构成,激光从垂直于衬底片结构的方向射出。EEL 激射的光是沿平行于激光器衬底表面且垂直于谐振腔两侧解理面的方向,其中最为典型的一种是分布反馈(Distributed FeedBack,DFB)激光器。DFB 激光器利用光栅实现选模,具有单纵模振荡输出、波长稳定性好、谱线窄、线性度好、动态谱线好等特点,常作为通信系统发射源。因此,本书中如无特别指明,所提到的 SL 均为 DFB 激光器。

2.2.1　自由运行半导体激光器的理论模型

　　EEL 速率方程模型得到了广泛应用,通过大量的模拟仿真发现,它可以很好地描述大部分实验中观察到的现象,为研究 SL 相关非线性特性及其应用提供了重要理论依据。EEL 速率方程可由 Maxwell-Bloch 方程出发推得,推导过程较为烦琐,这里不再详述。

SL 在无外部扰动(如光反馈、光注入、光电反馈等),即自由运行时,输出稳定的激光。自由运行 SL 的速率方程可以描述为

$$\frac{\mathrm{d}E}{\mathrm{d}t} = \frac{1}{2}(1+\mathrm{i}\alpha)\left[\frac{g(N(t)-N_0)}{1+\varepsilon\,|E(t)|^2} - \frac{1}{\tau_\mathrm{p}}\right]E(t) \qquad (2.2.1)$$

$$\frac{\mathrm{d}N}{\mathrm{d}t} = J - \frac{N(t)}{\tau_\mathrm{s}} - \frac{g(N(t)-N_0)}{1+\varepsilon\,|E(t)|^2}|E(t)|^2 \qquad (2.2.2)$$

其中,E 和 N 分别表示慢变电场的复振幅和平均载流子数密度,α 是线宽增强因子,g 是微分增益,N_0 为透明载流子数密度,ε 是增益饱和系数,τ_p 和 τ_s 分别表示有源区内光子寿命和载流子寿命,J 为注入电流。

由于 E 是时间 t 的复变函数,利用复数的指数式和代数式,方程组(2.2.1)和(2.2.2)可以等价地表示为如下两种常用形式。首先,将 E 用实振幅 $A(t)$ 和相位 $\Phi(t)$ 表示为指数式 $E(t)=A(t)\cdot\exp(\mathrm{i}\Phi(t))$ 并代入方程(2.2.1),可得

$$\frac{\mathrm{d}A(t)}{\mathrm{d}t}\exp(\mathrm{i}\Phi(t)) + \mathrm{i}\frac{\mathrm{d}\Phi(t)}{\mathrm{d}t}A(t)\exp(\mathrm{i}\Phi(t)) =$$

$$\frac{1}{2}(1+\mathrm{i}\alpha)\left[\frac{g(N(t)-N_0)}{1+\varepsilon A^2(t)} - \frac{1}{\tau_\mathrm{p}}\right]A(t)\exp(\mathrm{i}\Phi(t)) \qquad (2.2.3)$$

方程(2.2.3)两边同时除以 $\exp(\mathrm{i}\Phi(t))$,得

$$\frac{\mathrm{d}A(t)}{\mathrm{d}t} + \mathrm{i}\frac{\mathrm{d}\Phi(t)}{\mathrm{d}t}A(t) = \frac{1}{2}(1+\mathrm{i}\alpha)\left[\frac{g(N(t)-N_0)}{1+\varepsilon A^2(t)} - \frac{1}{\tau_\mathrm{p}}\right]A(t) \qquad (2.2.4)$$

将方程(2.2.4)的实部和虚部分开,表示为

$$\frac{\mathrm{d}A(t)}{\mathrm{d}t} = \frac{1}{2}\left[\frac{g(N(t)-N_0)}{1+\varepsilon A^2(t)} - \frac{1}{\tau_\mathrm{p}}\right]A(t) \qquad (2.2.5)$$

$$\frac{\mathrm{d}\Phi(t)}{\mathrm{d}t} = \frac{\alpha}{2}\left[\frac{g(N(t)-N_0)}{1+\varepsilon A^2(t)} - \frac{1}{\tau_\mathrm{p}}\right] \qquad (2.2.6)$$

再将 $E(t)=A(t)\cdot\exp(\mathrm{i}\Phi(t))$ 代入方程(2.2.2),可得

$$\frac{\mathrm{d}N}{\mathrm{d}t} = J - \frac{N(t)}{\tau_\mathrm{s}} - \frac{g(N(t)-N_0)}{1+\varepsilon A^2(t)}A^2(t) \qquad (2.2.7)$$

这样,得到自由运行 SL 的速率方程的实振幅和相位表达式(2.2.5)~(2.2.7)。在仿真中,需要给出激光的完整相位信息时选用方程组(2.2.5)~(2.2.7)较为便捷。

为了得到方程组(2.2.1)和(2.2.2)的另一种等价表示式,令 E 的代数式为

$E(t) = E_R(t) + iE_I(t)$，其中实部场 $E_R(t)$ 和虚部场 $E_I(t)$ 都是实函数。将 E 的代数式代入方程(2.2.1)可得

$$\frac{dE_R(t)}{dt} + i\frac{dE_I(t)}{dt} = \frac{1}{2}(1+i\alpha)\left[\frac{g(N(t)-N_0)}{1+\varepsilon A(t)(E_R^2(t)+E_I^2(t))} - \frac{1}{\tau_p}\right](E_R(t)+iE_I(t))$$

$$(2.2.8)$$

将方程(2.2.8)的实部和虚部分开，表示为

$$\frac{dE_R(t)}{dt} = \frac{1}{2}\left[\frac{g(N(t)-N_0)}{1+\varepsilon A(t)(E_R^2(t)+E_I^2(t))} - \frac{1}{\tau_p}\right](E_R(t)-\alpha E_I(t)) \quad (2.2.9)$$

$$\frac{dE_I(t)}{dt} = \frac{1}{2}\left[\frac{g(N(t)-N_0)}{1+\varepsilon A(t)(E_R^2(t)+E_I^2(t))} - \frac{1}{\tau_p}\right](\alpha E_R(t)+E_I(t)) \quad (2.2.10)$$

再将 $E(t) = E_R(t) + iE_I(t)$ 代入方程(2.2.2)可得

$$\frac{dN}{dt} = J - \frac{N(t)}{\tau_s} - \frac{g(N(t)-N_0)}{1+\varepsilon(E_R^2(t)+E_I^2(t))}(E_R^2(t)+E_I^2(t)) \quad (2.2.11)$$

方程组(2.2.9)～(2.2.11)即为自由运行 SL 的速率方程的实部和虚部表示式。至此不难理解，后面章节中涉及慢变复电场 E 的速率方程都有 3 种表示形式。

SL 作为 B 类激光器，弛豫振荡是其典型特征。激光强度输出的弛豫振荡是决定激光动态频率范围的重要特征之一，即激光器在开始工作时反转粒子数速率较光子衰减速率慢，使激光出现短暂振荡过程后才逐渐趋于稳定，如图 2-1(a)所示。其基本物理机理是在激光器腔内激光强度与反转粒子数之间的相互作用。增加受激辐射速率会使激光强度增加而使反转粒子数减少，导致增益降低，进而降低激光强度，随后，反转粒子数开始再次增加，激光强度随反转粒子数的增加而增大。这种激光强度与反转粒子数之间的振荡行为持续几个或几十个周期，逐渐到稳定的激光强度和反转粒子数。因此，这种现象称为弛豫振荡。在基于 SL 的 RC 中，弛豫振荡周期通常是延时型储备池中确定虚拟节点间隔 θ 的重要依据。携带信息的光注入 SL 之后，对 SL 的自由运行状态造成扰动，正是通过这种扰动引起的瞬态响应来构建储备池的状态矩阵。如果虚拟节点的间隔时间 θ 设置得太长，那么瞬态响应在弛豫振荡衰减后将归于稳定，两虚拟节点间没有任何关联，使得节点的状态不够丰富，通常在这种情况下不会取得好的计算结果。而如果 θ 设置得太短，被掩码后的信息输入速率太快，系统来不及响应，会导致节点状态携带的信息幅度太弱，甚至淹没在噪声中，使得系统的性能下降。因此，确定虚拟节点间隔最主要的

依据是弛豫振荡周期。图 2-1(b)为基于 SL 构建的储备池对单个脉冲的响应在多周期中循环后逐渐消失的仿真结果,由此赋予了延时型储备池渐褪记忆的性能。

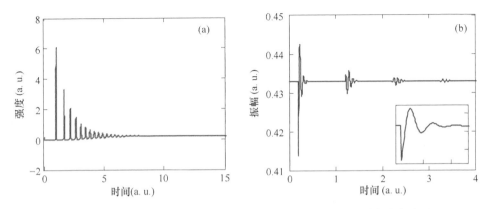

图 2-1 激光器开始工作时激光强度输出的弛豫振荡波形(a)及瞬态响应波形(b)

理论上,可以先求得自由运行 SL 的速率方程的稳态解,再对稳态解进行线性稳定性分析,进而推导出 SL 弛豫振荡频率(弛豫振荡周期的倒数)的近似计算公式,下面我们仅给出这个公式。

$$\nu_r = \frac{1}{2\pi}\sqrt{\frac{gA_s^2}{\tau_p}} \qquad (2.2.12)$$

其中,

$$A_s = \sqrt{\frac{\tau_p N_{th}(j-1)}{\tau_s}} \qquad (2.2.13)$$

是方程组(2.2.5)~(2.2.7)的稳态解对应的实振幅值,$N_{th} = N_0 + 1/(g\tau_p)$,$j = J/J_{th}$ 是归一化注入电流,$J_{th} = N_{th}/\tau_s$ 是阈值电流。

SL 中光子寿命通常约为 10^{-12} s,而载流子寿命约为 10^{-9} s,因此 SL 的弛豫振荡频率很快,约为 10^9 Hz。快速的弛豫振荡频率使得在基于 SL 的延时型 RC 中虚拟节点间隔 θ 通常可以取得很小(纳秒级),这样可以将外腔延时时间和输入数据的周期控制得更短,以增加数据处理速率,这也是 SL 用作储备池的优势之一。

2.2.2 光反馈半导体激光器的理论模型

2.2.1 节给出了自由运行 SL 的速率方程。但在实际应用中,需要对自由运行

SL 的速率方程进行拓展。为了实现 SL 丰富的动力学输出,从激光非线性系统动力学的角度而言,可以对自由运行的 SL 系统附加自由度,即对自由运行 SL 增加外部扰动实现。常用的外部扰动方式有光反馈、光注入和互耦合等。下面先简要介绍及推导光反馈 SL 的速率方程。

图 2-2 为光反馈 SL 示意图。图中 OC 为光环形器,VA 为可调衰减器,PC 为偏振控制器。SL 发出的光先经过光环形器,然后经过可调衰减器,再经过偏振控制器回到光环形器,再反馈给 SL,这样形成一个反馈回路,这个回路通常称为 SL 的外腔反馈,光经过外腔反馈回路所用的时间称为反馈延时。可调衰减器用来调节反馈光的强度,偏振控制器用来确保反馈光的偏振态与发射光一致。光反馈信号干扰激光介质中载流子和光子相互作用的平衡,从而引起激光强度不稳定。此时,激光器的弛豫振荡频率和外腔频率共同决定激光器输出的光强动力学特性。描述光反馈 EEL 复电场(包含快速光载波频率分量)的速率方程模型是在 1980 年由 Lang 和 Kabayshi 提出的:

$$\frac{d\hat{E}(t)}{dt} = \left\{ \frac{1}{2}(1+i\alpha)\left[g(N(t)-N_0) - \frac{1}{\tau_p} \right] + i\omega \right\} \hat{E}(t) + k\hat{E}(t-\tau) \quad (2.2.14)$$

式中,右边第二项描述反馈腔的作用,ω 为自由运行激光器的角频率,k 为反馈强度,τ 为反馈延时。可将快速光载波频率分量从慢变复电场 E 中分离出来,即

$$\hat{E}(t) = E(t)\exp(i\omega t) \quad (2.2.15)$$

将式(2.2.15)代入方程(2.2.14)可得

$$\frac{dE(t)}{dt}\exp(i\omega t) + i\omega E(t)\exp(i\omega t) =$$

$$\left\{ \frac{1}{2}(1+i\alpha)\left[g(N(t)-N_0) - \frac{1}{\tau_p} \right] + i\omega \right\} E(t)\exp(i\omega t) + kE(t-\tau)\exp(i\omega(t-\tau))$$

$$(2.2.16)$$

式(2.2.16)两边除以 $\exp(i\omega t)$,化简可得

$$\frac{dE(t)}{dt} = \frac{1}{2}(1+i\alpha)\left[g(N(t)-N_0) - \frac{1}{\tau_p} \right] E(t) + kE(t-\tau)\exp(-i\omega\tau)$$

$$(2.2.17)$$

方程(2.2.17)是在消除了快速光载波频率分量后,慢变复电场的 Lang-Kobayashi

方程,简记为 L-K 方程。方程组(2.2.17)和(2.2.2)称为光反馈 SL 的 L-K 模型。需要指出的是,这里仅考虑了一个外腔反馈,即单光反馈,它是最常用的反馈形式,因此通常简称为光反馈。当有多个外腔反馈时,需要将 L-K 模型进行相应的拓展。后文将用到两个外腔反馈(称为双光反馈),因此,这里仅将 L-K 模型拓展成双光反馈 SL 的模型。

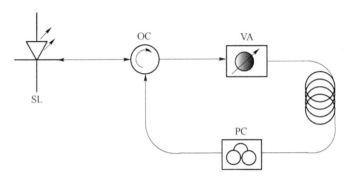

SL—半导体激光器;OC—光环形器;VA—可调衰减器;PC—偏振控制器

图 2-2　光反馈 SL 的示意图

双光反馈是在单光反馈的基础上增加了一个外腔反馈,如图 2-3 所示。借助分束器 BS1 和 BS2 能实现两个外腔反馈。为了便于叙述,将两个外腔延迟时间分别记作 τ_1 和 τ_2。体现在建模上,是在方程(2.2.14)的右边添加描述新增的外腔反馈作用项,即

$$\frac{\mathrm{d}\hat{E}(t)}{\mathrm{d}t} = \left\{ \frac{1}{2}(1+\mathrm{i}\alpha)\left[g(N(t)-N_0)-\frac{1}{\tau_\mathrm{p}}\right]+\mathrm{i}\omega\right\}\hat{E}(t)+k_1\hat{E}(t-\tau_1)+k_2\hat{E}(t-\tau_2)$$

$$(2.2.18)$$

式中,k_1,k_2 分别表示两个外腔的反馈强度。类似于将方程(2.2.14)转化为方程(2.2.17)的过程,方程(2.2.18)亦可以转化为慢变复电场的速率方程:

$$\frac{\mathrm{d}E(t)}{\mathrm{d}t} = \frac{1}{2}(1+\mathrm{i}\alpha)\left[g(N(t)-N_0)-\frac{1}{\tau_\mathrm{p}}\right]E(t)+k_1E(t-\tau_1)\exp(-\mathrm{i}\omega\tau_1)+$$

$$k_2E(t-\tau_2)\exp(-\mathrm{i}\omega\tau_2) \qquad\qquad (2.2.19)$$

方程组(2.2.19)和(2.2.2)称为描述双光反馈 SL 的速率方程模型。

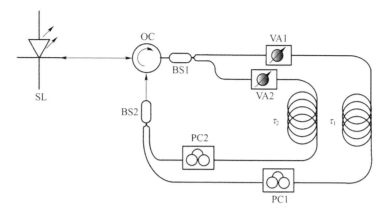

SL—半导体激光器;OC—光环形器;VA1、VA2—可调衰减器;PC1、PC2—偏振控制器;BS1、BS2—分束器

图 2-3　双光反馈 SL 的示意图

2.2.3　光注入半导体激光器的理论模型

光注入 SL 系统结构简单,便于控制。自 20 世纪 80 年代以来,光注入 SL 受到了广泛研究,其系统结构可以描述为图 2-4。在两个 SLs 满足驱动 SL 和响应 SL 的中心频率较近的条件下,将驱动 SL 自由运行输出的连续光波(CW)注入响应 SL。在注入光传输路径上加入光隔离器(ISO)来控制注入光波的单向传输,阻止响应 SL 发射的光入射到驱动 SL。去掉光隔离器后可以实现两个 SLs 的相互注入,构成互耦合系统,在 2.2.4 节我们将描述这种系统。

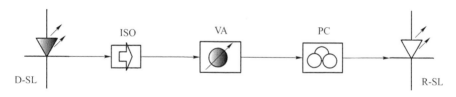

D-SL—驱动半导体激光器;R-SL—响应半导体激光器;ISO—光隔离器;VA—可调衰减器;PC—偏振控制器

图 2-4　光注入 SL 的示意图

响应 SL 的速率方程可由自由运行 SL 的速率方程(2.2.1)和(2.2.2)拓展得到,需要在方程(2.2.1)中引入相关的注入项并对方程进行化简:

$$\frac{dE(t)}{dt}=\frac{1}{2}(1+i\alpha)\left[\frac{g(N(t)-N_0)}{1+\varepsilon\,|\,E(t)\,|^{\,2}}-\frac{1}{\tau_p}\right]E(t)+k_{\mathrm{inj}}E_{\mathrm{inj}}(t)\exp(i\Delta\omega t)$$

$$(2.2.20)$$

式中,E_{inj} 表示驱动 SL 的慢变电场,k_{inj} 为注入强度,$\Delta\omega$ 为驱动 SL 与响应 SL 之间的角频率失谐,表示为 $\Delta\omega=\omega_{\mathrm{d}}-\omega_{\mathrm{r}}$,其中 ω_{d} 和 ω_{r} 分别为驱动 SL 和响应 SL 的中

心角频率。方程组(2.2.20)和(2.2.2)称为光注入 SL 的速率方程模型。

这里指出,为了便于应用,利用角频率和频率之间的转化公式,即 $\omega_d = 2\pi\nu_d$, $\omega_r = 2\pi\nu_r$,其中 ν_d 和 ν_r 分别为驱动 SL 和响应 SL 的中心频率。可将方程(2.2.20)中的角频率失谐 $\Delta\omega = \omega_d - \omega_r = 2\pi(\nu_d - \nu_r) = 2\pi\Delta\nu$ 用频率失谐 $\Delta\nu$ 表示。同样,根据需要,凡后文涉及的频率失谐都是对相应角频率失谐的等价替换。

2.2.4　互耦合半导体激光器的理论模型

在 2.2.3 节已经提到,移除光注入 SL 系统中的光隔离器可以实现两个 SLs 的相互注入,构成互耦合系统。它是指两个 SLs 输出的光互相注入对方激光器中。

描述互耦合 SLs 非线性动力学行为的理论模型亦可由自由运行 SL 的速率方程(2.2.1)和(2.2.2)拓展得到,需要在方程(2.2.1)右边引入相关的注入项并进行化简:

$$\frac{\mathrm{d}E_1(t)}{\mathrm{d}t} = \frac{1}{2}(1+\mathrm{i}\alpha)\left[\frac{g(N_1(t)-N_0)}{1+\varepsilon|E_1(t)|^2} - \frac{1}{\tau_p}\right]E_1(t) + k_2 E_2(t-\tau_2)\exp(-\mathrm{i}\Delta\omega t - \mathrm{i}\omega\tau_2)$$

$$(2.2.21)$$

$$\frac{\mathrm{d}E_2(t)}{\mathrm{d}t} = \frac{1}{2}(1+\mathrm{i}\alpha)\left[\frac{g(N_2(t)-N_0)}{1+\varepsilon|E_2(t)|^2} - \frac{1}{\tau_p}\right]E_2(t) + k_1 E_1(t-\tau_1)\exp(\mathrm{i}\Delta\omega t - \mathrm{i}\omega\tau_1)$$

$$(2.2.22)$$

$$\frac{\mathrm{d}N_{1,2}(t)}{\mathrm{d}t} = J - \frac{N_{1,2}(t)}{\tau_s} - \frac{g(N_{1,2}(t)-N_0)}{1+\varepsilon|E_{1,2}(t)|^2}|E_{1,2}(t)|^2 \qquad (2.2.23)$$

式中,τ_1 和 τ_2 分别表示延迟耦合时间,k_1 和 k_2 分别表示耦合强度,$\Delta\omega$ 为激光器 1 与激光器 2 之间的角频率失谐,表示为 $\Delta\omega = \omega_1 - \omega_2$,其中 ω_1 和 ω_2 分别为激光器 1 和激光器 2 的中心角频率。

基于以上理论模型,进行适当拓展可以来构建基于 SL 非线性动力学系统的 RC 模型,所涉及的具体内容将在第 3、4、5 章详细叙述。

2.3　半导体激光器的非线性动力学输出特性

2.3.1　光反馈激光器的非线性动力学输出特性分析

延时型 RC 以 SL 为非线性节点构成储备池时,反馈环由一段较长的光纤实现,构成一个光反馈 SL 系统,如图 2-2 所示。基于 SL 的全光 RC 是在光反馈系统的基础上引入注入光和调制设备后实施。已有报道证实,光反馈 SL 的不同动力学态会影响 RC 的性能。为此,有必要对光反馈 SL 的动力学特性进行分析。

通常,仅控制光反馈强度就能引起光反馈 SL 的输出表现出丰富的非线性动力学行为。图 2-5 呈现的是通过逐渐增加光反馈强度导致光反馈 SL 输出的典型动力学行为。图 2-5 是利用四阶 Runge-Kutta 算法对光反馈 SL 的 L-K 模型(2.2.17)和(2.2.2)进行数值求解,得到光强时间序列,进而再仿真得到功率谱和相图。仿真中各参数的取值为:$\alpha = 3.0$,$g = 8.4 \times 10^{-13}$ $\mathrm{m^3 s^{-1}}$,$N_0 = 1.4 \times 10^{24}$ $\mathrm{m^{-3}}$,$\varepsilon = 0$,$\tau_\mathrm{p} = 1.927$ ps,$\tau_\mathrm{s} = 2.04$ ns,$\nu = 1.96 \times 10^{14}$ Hz,$J = 1.098 \times 10^{33}$ $\mathrm{m^{-3} s^{-1}}$,$\tau = 1.50$ ns。

由图 2-5 可以看出,当反馈强度 $k = 0$ $\mathrm{ns^{-1}}$ 时〔如图 2-5(a1)~(a3)所示〕,SL 无反馈,即自由运行在稳态(S),因此功率谱无任何峰值,相空间内吸引子对应一个点。当 $k = 0.777$ $\mathrm{ns^{-1}}$ 时〔如图 2-5(b1)~(b3)所示〕,SL 变得不稳定,呈现单周期振荡(P1),功率谱中的最高谱线对应频率 1.56 GHz,它反映出 SL 的弛豫振荡频率 $\nu_\mathrm{r} \approx 1.52$ GHz〔由式(2.2.12)计算得到〕,相图显示为平凡吸引子,形状为一个闭合的极限环。当 k 增加至 1.056 $\mathrm{ns^{-1}}$ 时〔如图 2-5(c1)~(c3)所示〕,时间序列表现出类周期性,功率谱中出现多条谱线,主要为弛豫振荡频率和外腔频率及其谐波频率,相图中出现多个封闭的环状结构,表现为环面吸引子,这些特征表明 SL 呈现出准周期振荡(Q)。继续增加反馈强度到 $k = 1.320$ $\mathrm{ns^{-1}}$ 时〔如图 2-5(d1)~(d3)所示〕,SL 表现出周期 3 振荡(P3),时间序列明显表现出 3 个峰值的周期变换,功率谱中最高谱线频率的 1/3 和 2/3 频率处出现次谐波,相图为 3 个界限分明的圆环。再增大反馈强度到 $k = 1.553$ $\mathrm{ns^{-1}}$ 时〔如图 2-5(e1)~(e3)所示〕,时间序列呈现出不规则的类噪声振荡,功率谱明显展宽且变得连续、平滑,相图中吸引子的轨迹打破了原有的环状结构,表现出无限环绕行为,表明 SL 工作在混沌态(C)。而增加反馈强度到 $k = 3.106$ $\mathrm{ns^{-1}}$ 时〔如图 2-5(f1)~(f3)所示〕,SL 的输出表现出较强的混沌振荡,时间序列不规则振荡的幅度较大,功率谱变得更加平坦、光滑,相图中的吸引子轨迹在较大区域内无限环绕交替。由图 2-5 可以看出,随着反馈强度逐渐增加,光反馈 SL 输出的状态经历了周期、准周期进入混沌的变化过程。此外,借助于光谱、分岔图、二维参量的动力学状态演化图、最大李雅普诺夫指数(Lyapunov Exponents,LEs)等也能观察到 SL 非线性动力学系统的动力学特性演化过程。

对于由光反馈引起的 SL 混沌输出,在 RC 中要避免,因为系统出现混沌时,其时域波形是一种无序输出,不能反映所加载的信息,会导致 RC 的结果急剧下降。此外,从图 2-5 中可以看到,只需很小的反馈就能使系统进入混沌态。由此,在基于 SL 的延时型 RC 中,反馈强度通常不能太大,以防止 SL 工作在混沌态。另外,

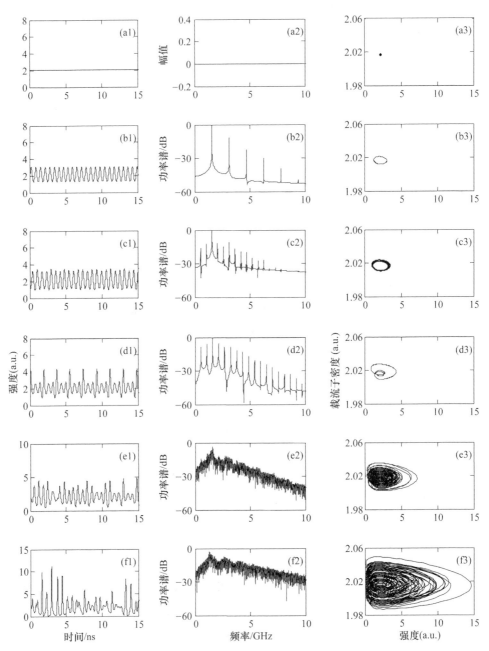

图 2-5 光反馈 SL 随着反馈强度 k 逐渐增加输出的光强时间序列（第一列）、功率谱（第二列）和相图（第三列）。其中，反馈强度分别为 $k=0$ ns^{-1}（a1～a3）、0.777 ns^{-1}（b1～b3）、1.056 ns^{-1}（c1～c3）、1.320 ns^{-1}（d1～d3）、1.553 ns^{-1}（e1～e3）、3.106 ns^{-1}（f1～f3）

考虑太弱的反馈强度会导致系统的记忆能力下降(在第 3 章中具体讨论),因此,反馈强度的调节原则是在系统不进入混沌态的前提下,使系统的记忆能力尽可能强。这对应于文献[68]中所阐述的 RC 的最佳运行状态为在系统没有输入数据的情况下,系统处于稳态且反馈强度接近第一分岔点的位置。

2.3.2 光注入激光器的非线性动力学输出特性分析

本书采用光注入的方式将信息输入储备池,因此需要对光注入 SL 的动力学特性进行分析。

光注入可以提高 SL 的信噪比和带宽,从而受到了广泛关注。光注入系统(如图 2-4 所示)最初是为了利用锁定技术使响应 SL 稳定工作,确保高速调制下响应 SL 单模运行、减少啁啾与噪声等不利因素带来的影响。然而,从 SL 非线性动力学的角度而言,引入注入光相当于给响应 SL 系统附加一个自由度,导致响应 SL 可能工作在非稳定态,如单周期、倍周期、注入锁定(稳定锁定或非稳定锁定)以及混沌等。其中,注入锁定是光注入 SL 系统特有的现象。在适当注入强度及频率失谐下,驱动 SL 和响应 SL 会进入同步振荡状态,这种现象即为注入锁定,当二者频率达到一致时为稳定注入锁定。产生注入锁定的原因在于 SL 线宽增强因子 α 的非零特性,这是 SL 与其他类型的激光器明显不同之处。此外,这种对原有系统的扰动方式,通过调节注入强度或频率失谐就能引起系统的多种动力学行为。

图 2-6 所示为光注入下 SL 输出光强的功率极值随频率失谐变化的分岔图。在这个例子中,注入强度保持不变,只改变驱动激光器的频率。由图 2-6 可以看出,随着频率失谐的变化,响应 SL 的输出经历了非稳定锁定态(U)、混沌态(C)、准周期态(Q)、稳定锁定态(S)、单周期态(P1)、双周期态(P2)再到非稳定锁定态(U)等多种动力学行为。周期振荡和混沌态靠近稳定锁定态,而当频率失谐较大时则出现了非稳定锁定态。

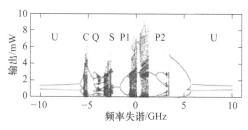

S—稳定锁定态;U—非稳定锁定态;P1—单周期态;P2—双周期态;Q—准周期态;C—混沌态

图 2-6 光注入下 SL 输出光强的功率极值随频率失谐变化的分岔图

当采取光注入方式向基于 SL 的储备池注入信息时,需要同时考虑注入强度和频率失谐两个重要控制参量对光注入 SL 系统动力学特性的影响。图 2-7 给出了注入比率(其与注入强度的关系是,注入强度是注入比率与 SL 内腔延时之商)与频率失谐构成的参量空间内响应 SL 的注入锁定与非锁定区域分布图,其中的实线为注入锁定与非锁定的边界。在非锁定区域内可以观察到四波混频现象,而在注入锁定区域内存在稳定锁定和非稳定锁定。从图 2-7 中还可以看出,当注入比率较小时,只在零失谐附近的小范围内存在注入锁定现象,而在大范围内都是四波混频的非锁定态。当注入比率增大后,四波混频现象消失,而稳定锁定区域趋向于出现在负频率失谐一侧,在正频率失谐区域则为非稳定锁定态。然而,随着注入比率进一步增加,系统在很大的频率失谐范围内都处于稳定锁定态。

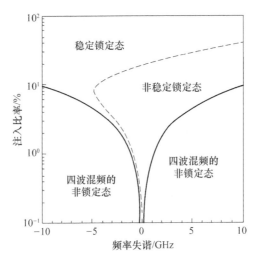

图 2-7　注入比率与频率失谐构成的参量空间内响应 SL 的注入锁定与非锁定区域分布图

在 RC 中,注入强度不能太高,以避免强锁定状态使系统非线性降低,又要避免注入强度太低导致系统振荡,因此采用负频率失谐注入是一个折中的办法,这也是后文中常用的手段。

2.4　储备池输入层信息数据的掩码

上面介绍了用 SL 构建储备池以及建立基于 SL 非线性动力学系统的 RC 模型所需的基本理论。而对输入的信息数据进行预处理是延时型 RC 的第一步,因此本节对数据预处理过程进行说明。

2.4.1 几种常用的掩码

在 Appeltant 等人提出的 RC 方法中,使用单个非线性节点在反馈环中制造出丰富的瞬态响应,通过连续地读出反馈环上等时间间隔的虚拟节点状态组成状态矩阵,以此替代空间型储备池中多个非线性节点在某一时刻产生的状态矩阵。因此,在一个反馈周期内输入储备池的信号 $I(t)$ 要保持恒定,即 $I(t)=u(k),t\in[(k-1)\tau,k\tau)$。这其实是一个采样保持的过程,如图 2-8(a)所示。通常一个反馈环内包含几十到几百个虚拟节点,如果反馈环的长度 $\tau_D \gg T_R$,那么势必造成只有环内少数虚拟节点记录了瞬态响应,而大部分虚拟节点都处于稳态,如图 2-8(b)所示,为了使所有虚拟节点都具有输入信号的瞬态响应,就要使用掩码。掩码的作用是给反馈环中的每个虚拟节点都赋予一定的权重,因此在周期 τ_D 内恒定的数据乘以掩码后形成在不同时刻具有不同权重的离散数据。下面以一维输入信息 $I(t)$ ($1 \times L$, L 为数据样本个数)为例,当然也可以推广到多特征的多维输入信息情况。掩码矩阵 W^{in} 为 $N \times 1$ 矩阵,N 为储备池中虚拟节点的个数。因此掩码乘以信息数据后得到掩码后的输入矩阵 $J(t_{k,i})^{N \times L}$,其中 $J(t_{k,i})$ 内每一列的 N 个元素对应于储备池内的 N 个虚拟节点,于是在一个信息数据周期内输入系统中的就是这 N 个元素。显然,在相邻虚拟节点时间间隔 θ 内输入值保持恒定,如图 2-8(b)所示。这可以表示为 $J(t_{k,i})=I(t_{k,i}) \cdot W^{in}$,其中,$t_{k,i}$ 为第 k 个输入值对应于第 i 个虚拟节点的时间,即 $t_{k,i} \in [(k-1)\tau+(i-1)\theta,(k-1)\tau+i\theta]$。图 2-8 中使用的是 $0 \sim 1$ 随机生成的掩码。

掩码的使用加强了非线性节点状态的丰富程度,能使系统的维度最大化,它对 RC 的性能起着重要作用。掩码的取值和顺序的排列影响着非线性变换所生成的超空间的特征提取。但是,掩码取值的具体方法目前没有定论,有的使用二电平掩码,如{−1,1},有的使用六电平掩码,还有的受到回声状态网络中随机输入权重的启发,而使用随机掩码,但这种随机生成的掩码不能保证每一次都有好的表现,甚至有时会导致测试失败。

为了构建长度最短的掩码序列,且最大限度地开发系统状态的多样性,同时保证相邻虚拟节点间具有关联性,L. Appeltant 等人提出了一种最短可能性的二电平掩码并使得储备池状态丰富。其方法是利用最大长度序列来定义掩码中的组

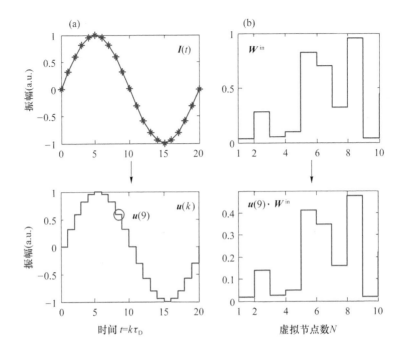

图 2-8 数据掩码过程

合,使得序列不重复。在二电平的情况下,这个方法产生最小长度为 2^m+m-1 的掩码序列,其中 m 是掩码使得前后序列具有相关性的最大长度,称为相关序列长度。例如 $m=2$ 的情况,为了保证相邻两个虚拟节点的动态相关性各不相同,需要一个 5 位掩码,用 0 和 1 表示为 00110。这个方法可以扩展到多值掩码的情况。这种特定设计的掩码使得交叉验证过程中结果的变化最小。提出这种构建二电平掩码方法的目的是探索确保系统独立于任务的多维度。但对于 SL 构建的储备池而言,这种二电平掩码并不一定是最优的。

2016 年,J. Nakayama 等人通过数值仿真证明,在基于 SL 的延时型 RC 中,采用混沌信号作为掩码能明显提高系统性能,其中所用混沌信号的频谱峰值接近于 SL 输出的弛豫振荡频率,其仿真结果如图 2-9 所示。从图 2-9(a) 与图 2-9(b) 的对比中可以看出,用混沌掩码的信号输入后,储备池中虚拟节点的状态比用二电平掩码信号时更加丰富。由图 2-9(c) 可以看出,混沌掩码信号与 SL 输出信号的频谱峰值较为接近。图 2-9(d) 中各曲线分别对应选用二电平掩码、六电平掩码、随机掩码和混沌掩码的 RC 在执行 Santa Fe 混沌时间序列预测任务时,预测误差 NMSE 随

掩码缩放因子 γ 变化的曲线。在该系统中,采用混沌掩码明显降低了预测误差。该小组后来又进行了实验验证,验证结果与理论模拟一致。

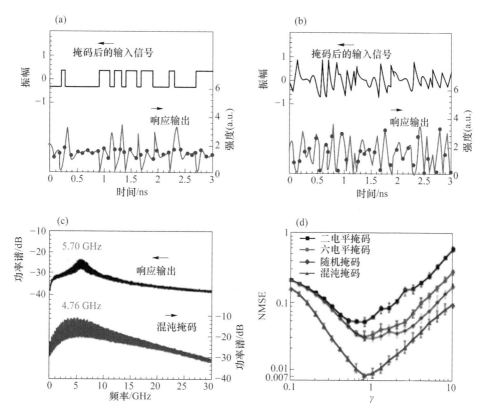

图 2-9 掩码后的信号与 SL 储备池的输出。其中,(a)二电平掩码,(b)混沌掩码,
(c)混沌信号的频谱与激光器在无数据输入时的频谱,(d)不同掩码的 RC 执行 Santa Fe
混沌时间序列预测任务时,NMSE 随掩码缩放因子 γ 的变化

基于以上分析,本书中所使用的掩码信号都采用混沌掩码,这些混沌掩码都取自 2.5 节将要介绍的一个互耦合 SLs 系统所产生的优质混沌信号〔即具有弱时延特性(TDS)、高复杂度特性的混沌信号〕。为此,下面先介绍混沌信号的一些特性。

2.4.2 混沌信号时间延迟特性分析

随着光混沌的广泛应用,学者们对 SL 混沌信号的特性展开了分析研究,试图借此优化时域混沌信号。SL 混沌信号特性分析通常是对 SL 混沌信号的 TDS、带宽特性、复杂度特性和统计特性的分析。这里主要介绍 SL 混沌信号的 TDS 和复杂度特性分析所用的方法及研究现状。

激光混沌因在安全光通信、快速物理随机数获取、激光混沌雷达、逻辑门等方面的潜在应用而受到了广泛关注。SL 在光注入、光反馈及互耦合等附加的外部扰动下可以很容易地工作在混沌态,因此,外部扰动下的 SL 是最常用的混沌源之一。在这些外部扰动中,时间延迟光反馈是较理想的产生更高复杂度的混沌信号的方式。然而,这种时间延迟系统产生的混沌信号通常包含明显的 TDS,这在一些特殊的应用场景中是不利的。例如,在光混沌保密通信中,窃听者一旦提取了混沌信号的 TDS,就可以利用混沌分析技术重构混沌载波,从而威胁到系统的安全。而对于快速物理随机数获取,TDS 会使得光反馈 SL 输出的混沌信号包含一定的周期性,进而不同程度地影响基于光混沌时间序列提取的物理随机数的统计性能。因此,为了获取优质混沌信号,首先要抑制基于光反馈系统产生的混沌信号的 TDS。

近年来,许多研究者一直致力于隐藏混沌信号 TDS 的研究,提出采用预测误差分析、功率谱分析、统计分析、延时互信息和自相关函数(ACF)等方法对 SL 混沌信号的 TDS 进行量化分析。2005 年,Lee 等人采用预测误差分析、功率谱分析和统计分析三种方法研究了双光反馈 SL 混沌输出的 TDS,指出当两个反馈外腔长度呈整倍数关系时,双光反馈 SL 的动力学特性与单光反馈 SL 的结果类似,此时利用预测误差分析可以得出反馈延迟时间;当二者是分数关系时,双光反馈 SL 呈现出与单光反馈 SL 不同的动力学特性,此时只能从功率谱中估算出外腔共振频率的均值,TDS 不能被准确提取。2007 年,D. Rontani 等人采用 ACF 和延时互信息两种方法对单光反馈 SL 的 TDS 进行了理论研究,结果表明,当反馈强度适中且选定激光器工作电流满足弛豫振荡周期和反馈延时时间接近时,反馈延时时间很难被识别,从而 TDS 被隐藏。2009 年,他们进一步分析了工作电流、反馈强度及反馈延时时间对 TDS 隐藏的影响,并验证了之前给出的结论。国内西南交通大学课题组采用排列熵和 ACF 分别对可调偏振光反馈垂直腔面发射激光器(VCSEL)和可调偏振相互耦合 VCSELs 的 TDS 进行了理论研究,研究结果表明,通过优化系统中相关关键参量的取值,系统能输出弱 TDS 的混沌信号。我们课题组通过实验分别分析了单光反馈 SL、双光反馈 SL、非相干反馈 SL 和相互耦合 SLs 混沌输出的 TDS,对于双光反馈 SL,发现当反馈强度适中且两个外腔反馈延迟时间相差弛豫振荡周期的 $0.5+n$ 倍(n 取自然数)时,TDS 被很好地隐藏。

2.4.3　混沌信号复杂度特性分析

除了 TDS,复杂度是衡量混沌信号质量的另一重要指标,对混沌信号的一些实际应用起着至关重要的作用。对于混沌安全通信,如果混沌载波的复杂度较低,那么窃听者很容易重构混沌吸引子,从而可以实现对消息的预测。对于基于时域混沌的物理随机数获取,低复杂度的混沌熵源将导致生成的物理随机数的随机性差。因此,具有高复杂度的混沌信号在实际应用中不可或缺。

近年来,学者们提出了采用 Lyapunov 指数、Kaplan-Yorke(KY)维数、关联维、Kolmogorov-Sinai(KS)熵、排列熵以及样本熵等对 SL 混沌信号的复杂度进行量化分析。2005 年,D. Vicente 等人利用 Lyapunov 指数、KS 熵和 KY 维数分析了光电反馈 SL 和单光反馈 SL 混沌信号的复杂度随工作电流和反馈参量的变化行为。2006 年,Kane 等人提出应用关联维量化 SL 混沌信号的复杂度。2008 年,Rosso 等人利用排列熵分析了 SL 混沌信号的复杂度。2011 年,Zunino 等人采用排列熵理论研究了光反馈 SL 混沌信号的复杂度,发现嵌入延时为反馈延迟时间的整数倍时排列熵与 KS 熵结果一致,并且这一理论结果在 2014 年由 Toomey 和 Kane 通过实验进行了验证。2012 年,Uchida 课题组利用 Lyapunov 指数研究了单向耦合 SLs 系统的总体复杂度,发现当系统中驱动 SL 与响应 SL 表现出一致性时,系统的复杂度与驱动 SL 的复杂度一样;当两个 SLs 表现出极其不一致时,系统的复杂度等于两个 SLs 的复杂度之和;而在一致性区域边界附近,由于动态振荡导致系统的复杂度大于两个 SLs 的复杂度之和。国内西南交通大学课题组在 2011 年采用排列熵分别对偏振旋转反馈 VCSEL 和偏振保持反馈 VCSEL 混沌信号的复杂度进行了分析;2015 年,该课题组应用样本熵分析了光反馈 SL 混沌信号的复杂度。我们课题组在 2015 年采用排列熵对混沌光注入 VCSEL 输出的混沌信号进行了复杂度分析。

2.5　基于互耦合半导体激光器优质混沌信号的获取

本节将介绍互耦合半导体激光器(MDC-SLs)系统获取弱 TDS、高复杂度的优质混沌信号。首先,通过计算最大 Lyapunov 指数(MLE)在耦合强度和频率失谐构成的参数空间内的分布确定 MDC-SLs 系统产生两组混沌信号的参数区域。其次,通过计算两组混沌信号的自相关函数明确产生两个具有弱 TDS 混沌信号的参数范围。最后,利用线性稳定性分析计算出系统的 Lyapunov 指数谱,进而计算出 KS 熵和 KY 维数,分析两个具有弱 TDS 混沌信号的复杂度,得出系统产生两个优质(具有弱 TDS、高复杂度)混沌信号的最优参数区域。

2.5.1　系统模型及理论推导

2.2.4 节已经介绍并给出了 MDC-SLs 系统的理论模型$(2.2.21)\sim(2.2.23)$。为了讨论方便,本节将模型$(2.2.21)\sim(2.2.23)$中两个 SLs 的耦合强度、延时耦合时间设为相等并分别记作 k_c 和 τ,即 $k_1=k_2=k_c$,$\tau_1=\tau_2=\tau$。

2.4.2 节提到的多个混沌信号的 TDS 量化分析方法中,ACF 因计算简单及使用方便而受到研究者们的青睐。本节也采用 ACF 对时域混沌信号的 TDS 进行分析,ACF 定义为

$$C(\Delta t) = \frac{\langle(I(t)-\langle I(t)\rangle)(I(t+\Delta t)-\langle I(t+\Delta t)\rangle)\rangle}{(\langle I(t)-\langle I(t)\rangle\rangle^2 \langle I(t+\Delta t)-\langle I(t+\Delta t)\rangle\rangle^2)^{1/2}} \tag{2.5.1}$$

其中,$I(t)$ 为时域信号,$<\cdot>$ 表示求平均,Δt 表示时移。

而 2.4.2 节提到了激光混沌系统混沌信号的复杂度可以采用 Lyapunov 指数、KY 维数、KS 熵、关联维、排列熵以及样本熵等方法量化分析。这些方法大多是基于对包含噪声的观测数据进行时间序列分析的统计测量。然而,基于相应的数学模型可以计算出 Lyapunov 指数谱、KS 熵和 KY 维数,从而采用这些方法得到的复杂度结果可能更为可靠。因此,本节采用这些方法对混沌信号复杂度进行量化分析。为了计算 KS 熵和 KY 维数,首先需要计算出 Lyapunov 指数谱。MDC-SLs 系统是时滞动力系统,具有无穷维,从而有无穷多个 Lyapunov 指数(LEs)。所有 LEs 由大到小排列构成的集合称为 Lyapunov 指数谱,即$(\lambda_1,\lambda_2,\cdots,\lambda_m,\cdots)$,其中 $\lambda_1\geqslant\lambda_2\geqslant\cdots\geqslant\lambda_m\geqslant\cdots$。基于 Lyapunov 指数谱可以计算出 KS 熵和 KY 维数。KS 熵可以用所有正 LEs 之和计算:

$$h_{KS} = \sum_{m\,|\,\lambda_m>0}\lambda_m \tag{2.5.2}$$

KY 维数可以用 Lyapunov 指数谱中的部分 LEs 计算:

$$d_{KY} = j + \frac{\sum_{i=1}^{j}\lambda_i}{|\lambda_{j+1}|} \tag{2.5.3}$$

其中整数 j 满足如下不等式：

$$\begin{cases} \sum_{i=1}^{j} \lambda_i > 0 \\ \sum_{i=1}^{j+1} \lambda_i < 0 \end{cases} \quad (2.5.4)$$

本节对 MDC-SLs 系统的 Lyapunov 指数谱、KS 熵和 KY 维数依据式(2.5.2)～式(2.5.4)利用 MATLAB 进行数值计算。为了提高数值计算结果的准确性，先将方程组(2.2.21)～(2.2.23)进行无量纲化，再计算 Lyapunov 指数谱。

下面，首先推导出方程组(2.2.21)～(2.2.23)的无量纲方程组。前面提到的描述互耦合 SLs 非线性动力学行为的理论模型(2.2.21)～(2.2.23)重新记作：

$$\frac{\mathrm{d}E_1(t)}{\mathrm{d}t} = \frac{1}{2}(1+\mathrm{i}\alpha)\left[\frac{g(N_1(t)-N_0)}{1+\varepsilon|E_1(t)|^2} - \frac{1}{\tau_p}\right]E_1(t) + k_2 E_2(t-\tau_2)\exp(-\mathrm{i}\Delta\omega t - \mathrm{i}\omega\tau_2)$$

$$(2.5.5)$$

$$\frac{\mathrm{d}E_2(t)}{\mathrm{d}t} = \frac{1}{2}(1+\mathrm{i}\alpha)\left[\frac{g(N_2(t)-N_0)}{1+\varepsilon|E_2(t)|^2} - \frac{1}{\tau_p}\right]E_2(t) + k_1 E_1(t-\tau_1)\exp(\mathrm{i}\Delta\omega t - \mathrm{i}\omega\tau_1)$$

$$(2.5.6)$$

$$\frac{\mathrm{d}N_{1,2}(t)}{\mathrm{d}t} = J - \frac{N_{1,2}(t)}{\tau_s} - \frac{g(N_{1,2}(t)-N_0)}{1+\varepsilon|E_{1,2}(t)|^2}|E_{1,2}(t)|^2 \quad (2.5.7)$$

2.2.1 节介绍了慢变复电场 E 的速率方程有三种表示形式，这里选用第二种，将慢变复电场 E_1 和 E_2 分别表示成指数式，即 $E_1(t)=A_1(t)\cdot\exp(\mathrm{i}\Phi_1(t))$ 和 $E_2(t)=A_2(t)\cdot\exp(\mathrm{i}\Phi_2(t))$，代入方程(2.5.5)～(2.5.7)，同时注意到本节考虑的参数条件 $k_1=k_2=k_c$，$\tau_1=\tau_2=\tau$，于是，经过化简并整理可以得到方程(2.5.5)～(2.5.7)的等价表示式：

$$\frac{\mathrm{d}A_1(t)}{\mathrm{d}t} = \frac{1}{2}\left[\frac{g(N_1(t)-N_0)}{1+\varepsilon A_1^2(t)} - \frac{1}{\tau_p}\right]A_1(t) + k_c A_2(t-\tau)\cos\Theta_1(t) \quad (2.5.8)$$

$$\frac{\mathrm{d}\Phi_1(t)}{\mathrm{d}t} = \frac{\alpha}{2}\left[\frac{g(N_1(t)-N_0)}{1+\varepsilon A_1^2(t)} - \frac{1}{\tau_p}\right] - k_c \frac{A_2(t-\tau)}{A_1(t)}\sin\Theta_1(t) \quad (2.5.9)$$

$$\frac{\mathrm{d}N_1(t)}{\mathrm{d}t} = J - \frac{N_1(t)}{\tau_s} - \frac{g(N_1(t)-N_0)}{1+\varepsilon A_1^2(t)}A_1^2(t) \quad (2.5.10)$$

$$\frac{\mathrm{d}A_2(t)}{\mathrm{d}t} = \frac{1}{2}\left[\frac{g(N_2(t)-N_0)}{1+\varepsilon A_2^2(t)} - \frac{1}{\tau_p}\right]A_2(t) + k_c A_1(t-\tau)\cos\Theta_2(t) \quad (2.5.11)$$

$$\frac{\mathrm{d}\Phi_2(t)}{\mathrm{d}t} = \frac{\alpha}{2}\left[\frac{g(N_2(t)-N_0)}{1+\varepsilon A_2^2(t)} - \frac{1}{\tau_p}\right] - k_c \frac{A_1(t-\tau)}{A_2(t)}\sin\Theta_2(t) \quad (2.5.12)$$

$$\frac{\mathrm{d}N_2(t)}{\mathrm{d}t} = J - \frac{N_2(t)}{\tau_s} - \frac{g(N_2(t)-N_0)}{1+\varepsilon A_2^2(t)} A_2^2(t) \tag{2.5.13}$$

$$\Theta_1(t) = \omega_2\tau + \Phi_1(t) - \Phi_2(t-\tau) + \Delta\omega t \tag{2.5.14}$$

$$\Theta_2(t) = \omega_1\tau + \Phi_2(t) - \Phi_1(t-\tau) - \Delta\omega t \tag{2.5.15}$$

由于方程(2.5.8)～(2.5.15)中的变量 $A_{1,2}(t)$、$\Phi_{1,2}$、$N_{1,2}$ 在本节所给参数取值条件下数量级差别很大,即 $A_{1,2}(t) \sim 10^{10}$、$\Phi_{1,2} \sim 10^{10}$、$N_{1,2} \sim 10^{24}$,因此可能会严重影响数值结构的准确性,尤其是在应用线性稳定性分析数值求解多个李雅普诺夫指数时。因此,对方程(2.5.8)～(2.5.15)需要进行无量纲化,将其化为无量纲方程。由于 $N = N_{th} = N_0 + 1/(g\tau_p) = 2.02 \times 10^{22}$,$\overline{E} = [N_{th}\tau_p/\tau_s(J/J_{th}-1)] = 1.38 \times 10^{10}$(其中 $J_{th} = N_{th}/\tau_s$),$\Phi = 0$ 是两个激光器的一组稳态解,我们选择常数 $\overline{E}_1 = 1.40 \times 10^{10}$,$\overline{E}_2 = 1.39 \times 10^{10}$,$\overline{N}_1 = 2.0 \times 10^{20}$,$\overline{N}_2 = 2.1 \times 10^{20}$,$\overline{\Phi}_1 = 2\pi$,$\overline{\Phi}_2 = 2\pi$,$\overline{T} = 1 \times 10^{-9}$ s 对方程(2.5.8)～(2.5.15)进行无量纲化。当然,也可以选择其他常数。于是,可记

$$A_1(t) = e_1(t')\overline{E}_1, \quad A_2(t) = e_2(t')\overline{E}_2, \quad \Phi_1(t) = \varphi_1(t')\overline{\Phi}_1, \quad \Phi_2(t) = \varphi_2(t')\overline{\Phi}_2,$$

$$N_1(t) = n_1(t')\overline{N}, \quad N_2(t) = n_2(t')\overline{N}, \quad \Theta_1(t) = \theta_1(t'), \quad \Theta_2(t) = \theta_2(t'),$$

$$t = t'\overline{T}, \quad \tau = \tau'\overline{T}, \quad A_1(t-\tau) = e_1(t'-\tau')\overline{E}_1, \quad A_2(t-\tau) = e_2(t'-\tau')\overline{E}_2,$$

$$\Phi_1(t-\tau) = \varphi_1(t'-\tau')\overline{\Phi}_1, \quad \Phi_2(t-\tau) = \varphi_2(t'-\tau')\overline{\Phi}_2, \quad \varepsilon' = \varepsilon\overline{E}^2 \tag{2.5.16}$$

将式(2.5.16)中的各式代入方程(2.5.8)～(2.5.15)并整理,可得无量纲方程组如下:

$$\frac{\mathrm{d}e_1(t')}{\mathrm{d}t'} = \left[\frac{g_{e_1}}{1+\varepsilon' e_1^2(t')}(n_1(t')-n_{01}) - \gamma_{e_1}\right]e_1(t') + k_{e_1}e_2(t'-\tau')\cos\theta_1(t') \tag{2.5.17}$$

$$\frac{\mathrm{d}\varphi_1(t')}{\mathrm{d}t'} = \frac{g_{\varphi_1}}{1+\varepsilon' e_1^2(t')}(n_1(t')-n_{01}) - \gamma_{\varphi_1} - k_{\varphi_1}\frac{e_2(t'-\tau')}{e_1(t')}\sin\theta_1(t') \tag{2.5.18}$$

$$\frac{\mathrm{d}n_1(t')}{\mathrm{d}t'} = \gamma_{n_1}(jn_{th}-n_1(t')) - \frac{g_{n_1}}{1+\varepsilon' e_1^2(t')}(n_1(t')-n_0)e_1^2(t') \tag{2.5.19}$$

$$\frac{\mathrm{d}e_2(t')}{\mathrm{d}t'} = \left[\frac{g_{e_2}}{1+\varepsilon' e_2^2(t')}(n_2(t')-n_{02}) - \gamma_{e_2}\right]e_2(t') + k_{e_2}e_1(t'-\tau')\cos\theta_2(t') \tag{2.5.20}$$

$$\frac{d\varphi_2(t')}{dt'} = \frac{g_{\varphi_2}}{1+\varepsilon'e_2^2(t')}(n_2(t')-n_{02}) - \gamma_{\varphi_2} - k_{\varphi_2}\frac{e_1(t'-\tau')}{e_2(t')}\sin\theta_2(t')$$

$$(2.5.21)$$

$$\frac{dn_2(t')}{dt'} = \gamma_{n_2}(jn_{th}-n_2(t')) - \frac{g_{n_2}}{1+\varepsilon'e_2^2(t')}(n_2(t')-n_0)e_2^2(t') \quad (2.5.22)$$

$$\theta_1(t') = \omega_\theta\tau' + \varphi_{\theta_1}(\varphi_1(t')-\varphi_2(t'-\tau')) + \Delta\omega_\theta t' \quad (2.5.23)$$

$$\theta_2(t') = \omega_\theta\tau' + \varphi_{\theta_2}(\varphi_2(t')-\varphi_1(t'-\tau')) + \Delta\omega_\theta t' \quad (2.5.24)$$

其中各参数为

$$g_{e_1} = \frac{\overline{T}}{2}g\overline{N_1}, \quad g_{e_2} = \frac{\overline{T}}{2}g\overline{N_2}, \quad g_{\varphi_1} = \frac{\alpha\overline{T}}{2\overline{\Phi_1}}g\overline{N_1}, \quad g_{\varphi_2} = \frac{\alpha\overline{T}}{2\overline{\Phi_2}}g\overline{N_2}, \quad g_{n_1} = \overline{T}g\overline{E_1^2},$$

$$g_{n_2} = \overline{T}g\overline{E_2^2}, \quad \gamma_{e_1} = \frac{\overline{T}}{2\tau_p}, \quad \gamma_{e_2} = \frac{\overline{T}}{2\tau_p}, \quad \gamma_{\varphi_1} = \frac{\alpha\overline{T}}{2\tau_p\overline{\Phi_1}}, \quad \gamma_{\varphi_2} = \frac{\alpha\overline{T}}{2\tau_p\overline{\Phi_2}}, \quad \gamma_{n_1} = \frac{\overline{T}}{\tau_s},$$

$$\gamma_{n_2} = \frac{\overline{T}}{\tau_s}, \quad j = \frac{J}{J_{th}}, \quad k_{e_1} = k_c\overline{T}, \quad k_{e_2} = k_c\overline{T}, \quad k_{\varphi_1} = k_c\frac{\overline{T}}{\overline{\Phi_1}}, \quad k_{\varphi_2} = k_c\frac{\overline{T}}{\overline{\Phi_2}}, \quad n_{th} = \frac{N_{th}}{N},$$

$$n_{01} = \frac{N_0}{N_1}, \quad n_{02} = \frac{N_0}{N_2}, \quad \varphi_{\theta_1} = \overline{\Phi_1}, \quad \varphi_{\theta_2} = \overline{\Phi_2}, \quad \tau' = \frac{\tau}{T}, \quad \omega_\theta = \omega\overline{T}, \quad \Delta\omega_\theta = \Delta\omega\overline{T}$$

$$(2.5.25)$$

利用上述的无量纲方程组(2.5.17)～(2.5.24)进行数值模拟,数值模拟中所用参数取值为:$\alpha=5.0, g=8.4\times10^{-13}\,\mathrm{m^3\,s^{-1}}, N_0=1.4\times10^{24}\,\mathrm{m^{-3}}, \varepsilon=2.5\times10^{-23}$,$\tau_p=1.927\,\mathrm{ps}, \tau_s=2.04\,\mathrm{ns}, \tau=1.001\,\mathrm{ns}, k_{inj}=12.43\,\mathrm{ns^{-1}}, \nu=1.951\times10^{14}\,\mathrm{Hz}, J=1.424\times10^{33}\,\mathrm{m^{-3}\,s^{-1}}, \Delta\nu$ 在-40～$40\,\mathrm{GHz}$之间变化,k_c在0～$50\,\mathrm{ns^{-1}}$之间变化。

2.5.2 获取混沌信号的参数区域

MLE是非线性动力系统稳定性的重要度量之一。通过MLE可以判别SL是否工作在混沌状态。基于SL动力学系统的速率方程可以计算出MLE,而对于SL实验系统可以利用示波器采集的时间序列计算MLE。本节基于描述MDC-SLs系统的速率方程(2.2.21)～(2.2.23)采用前者计算MLE。

图2-10给出了SL1和SL2的分岔图及MLE分别随耦合强度k_c的变化过程。从图中可以看出,当$k_c<2.7\,\mathrm{ns^{-1}}$时,MLE为负值或接近于零,这与分岔图中的稳态、周期态或准周期态区域相对应。随着$k_c\geq2.7\,\mathrm{ns^{-1}}$增大,MLE都是正值且逐渐增大,表明两个SLs均已工作在混沌态。

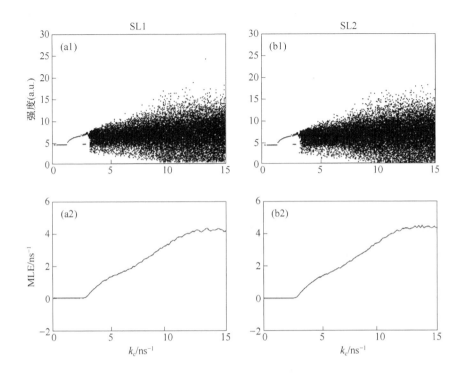

图 2-10 分岔图(第一行)和 MLE(第二行)分别随耦合强度 k_c 的变化过程

除了耦合强度 k_c,频率失谐 Δf 也是决定 MDC-SLs 动态特性的关键参数。为了确定 MDC-SLs 工作在混沌态的参数区域,图 2-11 给出了 MLE 在 Δf 和 k_c 所构成的参数空间内的演化图,图中不同的颜色表示不同的 MLE 值。从图 2-11 中可以看出,SL1 和 SL2 的非混沌区域的上边界都呈现出鲜明的"V"形分布且关于频率失谐表现出略微不对称性的特征。在"V"形边界上方的区域,SL1 和 SL2 都呈现出混沌振荡输出。此外,仔细观察图 2-11(a)和图 2-11(b)可以发现,两图之间存在镜像对称关系,即图 2-11(a)的左半部与图 2-11(b)的右半部相似,同时图 2-11(a)的右半部与图 2-11(b)的左半部相似,其原因在于描述 MDC-SLs 系统的速率方程(2.2.21)和(2.2.22)存在结构镜像对称性。

2.5.3 获取具有弱 TDS 混沌信号的参数区域

为了锁定 MDC-SLs 系统同时产生两组具有弱 TDS 混沌信号的控制参数区域,对速率方程组(2.2.21)~(2.2.23)经过无量纲化后得到的无量纲方程组(2.5.17)~(2.5.24)利用四阶 Runge-Kuta 算法进行数值求解,分别得到 SL1 和 SL2 输出的

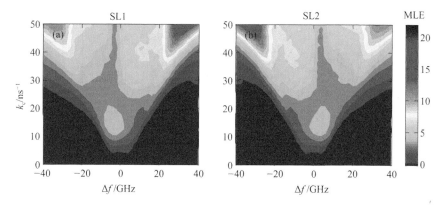

图 2-11 MLE 在耦合强度 k_c 和频率失谐 Δf 构成的参数空间内的演化图

时间序列,并计算出相应的 ACF。图 2-12 分别给出了$(\Delta f, k_c)=(0, 27\ \text{ns}^{-1})$(前两行图)和$(\Delta f, k_c)=(0, 12\ \text{ns}^{-1})$(后两行图)时 SL1 和 SL2 输出的时间序列及其相应的 ACF。如图 2-12 所示,虽然 SL1 和 SL2 输出的时间序列都是混沌信号,但是其时域混沌波形有很大差异(即使两个 SLs 的参数相同)。原因在于,在 MDC-SLs 系统中,同步解不稳定,从而轻微的干扰就会使两个 SLs 最终输出两种不同波形。因此,MDC-SLs 系统具有同时产生两组混沌信号的优势。就 TDS 而言,当$(\Delta f, k_c)=(0, 27\ \text{ns}^{-1})$时,虽然从图 2-12(a1)和图 2-12(b1)的混沌波形中难以提取 TDS,但是延时耦合时间仍然可以由图 2-12(a2)和图 2-12(b2)中 ACF 的特征峰值位置$(\Delta t \approx 2\tau)$间接计算出来。然而,当$(\Delta f, k_c)=(0, 12\ \text{ns}^{-1})$时,相应的图 2-12(a4)和图 2-12(b4)中 ACF 无明显特征峰值,从而很难从 ACF 中提取延时耦合时间,即 TDS 非常弱。因此,通过选择合适的参数值可以有效抑制 TDS。相关研究得出,ACF 的特征峰值(记作 σ)小于 0.2 时认为 TDS 较弱。在下面的分析中,我们将借助这一结论给出具有弱 TDS 混沌输出的参数区域。

为了进一步研究耦合强度 k_c 和频率失谐 Δf 对两个 SLs 输出的混沌信号的 TDS 的影响,图 2-13 给出了 TDS 在 Δf 和 k_c 所构成的参数空间内的演化图,图中黑色曲线表示 $\sigma=0.2$ 的参数位置。与图 2-11 类似,图 2-13(a)与图 2-13(b)之间仍然存在镜像对称关系。从这两个图中不难发现,当 k_c 较弱($3\ \text{ns}^{-1} \leqslant k_c \leqslant 18\ \text{ns}^{-1}$)且$-16\ \text{GHz} \leqslant \Delta f \leqslant 16\ \text{GHz}$ 时,SL1 和 SL2 输出的混沌信号的 σ 值都很小。此时,可以同时获取两组 TDS 较弱的混沌信号。因此,接下来将重点分析在

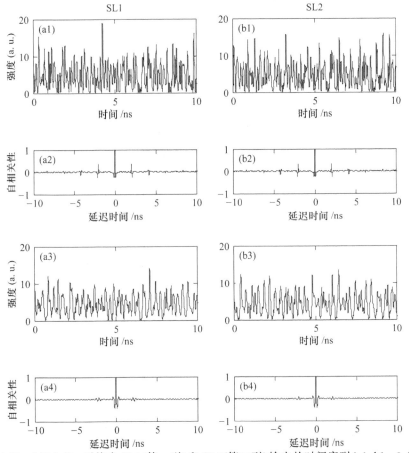

图 2-12 MDC-SLs 系统中 SL1(第一列)和 SL2(第二列)输出的时间序列(a1,b1;a3,b3)

及对应的 ACF(a2,b2;a4,b4)。在图(a1),(b1),(a2),(b2)中,$\Delta f=0$,$k_c=27$ ns^{-1};

在图(a3),(b3),(a4),(b4)中,$\Delta f=0$,$k_c=12$ ns^{-1}

参数区域 3 ns^{-1}$\leqslant$$k_c$$\leqslant$$18$ ns^{-1},-16 GHz$\leqslant$$\Delta f$$\leqslant$$16$ GHz 内产生的混沌信号的复杂度,最终获取具有弱 TDS 和高复杂度的优质混沌信号。

2.5.4 获取优质混沌信号的参数区域

在 2.5.1 节提到,为了计算 KS 熵和 KY 维数,需要先计算 Lyapunov 指数谱。为此,通过对描述 MDC-SLs 系统的无量纲方程组(2.5.17)～(2.5.24)引入振荡轨迹的微小线性偏差,即可得到这个无量纲方程组的线性化方程组。也就是说,对无量纲方程组(2.5.17)～(2.5.24)的解(振荡轨迹)

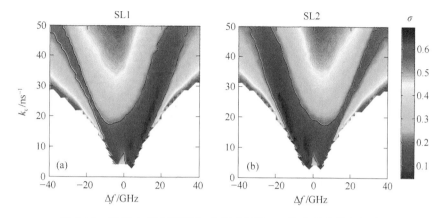

图 2-13 TDS 在耦合强度 k_c 和频率失谐 Δf 构成的参数空间内
的演化图。其中,黑色曲线对应 $\sigma=0.2$,白色区域对应非混沌态

$$e_1(t')=e_{1s}(t'), \quad e_2(t')=e_{2s}(t'), \quad \varphi_1(t')=(\omega_{1s}(t')-\omega)t',$$

$$\varphi_2(t')=(\omega_{2s}(t')-\omega)t', \quad n_1(t')=n_{1s}(t'), \quad n_2(t')=n_{2s}(t')$$

附加微小的线性偏差,即

$$e_1(t')=e_{1s}(t')+\delta_{e_1}(t') \tag{2.5.26}$$

$$e_2(t')=e_{2s}(t')+\delta_{e_2}(t') \tag{2.5.27}$$

$$\varphi_1(t')=(\omega_{1s}(t')-\omega)t'+\delta_{\varphi_1}(t') \tag{2.5.28}$$

$$\varphi_2(t')=(\omega_{2s}(t')-\omega)t'+\delta_{\varphi_2}(t') \tag{2.5.29}$$

$$n_1(t')=n_{1s}(t')+\delta_{n_1}(t') \tag{2.5.30}$$

$$n_2(t')=n_{2s}(t')+\delta_{n_2}(t') \tag{2.5.31}$$

其中,$\delta_{e_1}(t'),\delta_{e_2}(t'),\delta_{\varphi_1}(t'),\delta_{\varphi_2}(t'),\delta_{n_1}(t'),\delta_{n_2}(t')$ 是线性化方程中的新变量,且满足

$$e_1(t')\gg\delta_{e_1}(t'), \quad e_2(t')\gg\delta_{e_2}(t'), \quad \varphi_1(t')\gg\delta_{\varphi_1}(t'),$$

$$\varphi_2(t')\gg\delta_{\varphi_2}(t'), \quad n_1(t')\gg\delta_{n_1}(t'), \quad n_2(t')\gg\delta_{n_2}(t') \tag{2.5.32}$$

涉及的延迟变量被分别表示为

$$e_{1,2}(t'-\tau')=e_{1,2s}(t'-\tau')+\delta_{e_{1,2}}(t'-\tau'),$$

$$\varphi_{1,2\tau'}=\varphi_{1,2}(t'-\tau')=(\omega_{1,2s}(t'-\tau')-\omega)(t'-\tau')+\delta_{\varphi_{1,2}}(t'-\tau') \tag{2.5.33}$$

将式(2.5.26)～式(2.5.31)和式(2.5.33)分别代入无量纲方程组(2.5.17)～(2.5.24)并整理,即可得到无量纲方程组的线性化方程组,借助雅可比矩阵可以更

便捷求得,这里借助雅可比矩阵给出这个线性化方程组:

$$
\begin{pmatrix}
\dfrac{\mathrm{d}\delta_{e_1}(t')}{\mathrm{d}t'} \\[4mm]
\dfrac{\mathrm{d}\delta_{\varphi_1}(t')}{\mathrm{d}t'} \\[4mm]
\dfrac{\mathrm{d}\delta_{N_1}(t')}{\mathrm{d}t'}
\end{pmatrix}
=
\begin{pmatrix}
\dfrac{\partial f_{e_1}}{\partial e_1} & \dfrac{\partial f_{e_1}}{\partial \varphi_1} & \dfrac{\partial f_{e_1}}{\partial n_1} & \dfrac{\partial f_{e_1}}{\partial e_{2\tau'}} & \dfrac{\partial f_{e_1}}{\partial \varphi_{2\tau'}} \\[4mm]
\dfrac{\partial f_{\varphi_1}}{\partial e_1} & \dfrac{\partial f_{\varphi_1}}{\partial \varphi_1} & \dfrac{\partial f_{\varphi_1}}{\partial n_1} & \dfrac{\partial f_{\varphi_1}}{\partial e_{2\tau'}} & \dfrac{\partial f_{\varphi_1}}{\partial \varphi_{2\tau'}} \\[4mm]
\dfrac{\partial f_{n_1}}{\partial e_1} & \dfrac{\partial f_{n_1}}{\partial \varphi_1} & \dfrac{\partial f_{n_1}}{\partial n_1} & \dfrac{\partial f_{n_1}}{\partial e_{2\tau'}} & \dfrac{\partial f_{n_1}}{\partial \varphi_{2\tau'}}
\end{pmatrix}
\begin{pmatrix}
\delta_{e_1}(t') \\[3mm]
\delta_{\varphi_1}(t') \\[3mm]
\delta_{N_1}(t') \\[3mm]
\delta_{e_2}(t'-\tau') \\[3mm]
\delta_{\varphi_2}(t'-\tau')
\end{pmatrix}
\tag{2.5.34}
$$

$$
\begin{pmatrix}
\dfrac{\mathrm{d}\delta_{e_2}(t')}{\mathrm{d}t'} \\[4mm]
\dfrac{\mathrm{d}\delta_{\varphi_2}(t')}{\mathrm{d}t'} \\[4mm]
\dfrac{\mathrm{d}\delta_{N_2}(t')}{\mathrm{d}t'}
\end{pmatrix}
=
\begin{pmatrix}
\dfrac{\partial f_{e_2}}{\partial e_2} & \dfrac{\partial f_{e_2}}{\partial \varphi_2} & \dfrac{\partial f_{e_2}}{\partial n_2} & \dfrac{\partial f_{e_2}}{\partial e_{1\tau'}} & \dfrac{\partial f_{e_2}}{\partial \varphi_{1\tau'}} \\[4mm]
\dfrac{\partial f_{\varphi_2}}{\partial e_2} & \dfrac{\partial f_{\varphi_2}}{\partial \varphi_2} & \dfrac{\partial f_{\varphi_2}}{\partial n_2} & \dfrac{\partial f_{\varphi_2}}{\partial e_{1\tau'}} & \dfrac{\partial f_{\varphi_2}}{\partial \varphi_{1\tau'}} \\[4mm]
\dfrac{\partial f_{n_2}}{\partial e_2} & \dfrac{\partial f_{n_2}}{\partial \varphi_2} & \dfrac{\partial f_{n_2}}{\partial n_2} & \dfrac{\partial f_{n_2}}{\partial e_{1\tau'}} & \dfrac{\partial f_{n_2}}{\partial \varphi_{1\tau'}}
\end{pmatrix}
\begin{pmatrix}
\delta_{e_2}(t') \\[3mm]
\delta_{\varphi_2}(t') \\[3mm]
\delta_{N_2}(t') \\[3mm]
\delta_{e_1}(t'-\tau') \\[3mm]
\delta_{\varphi_1}(t'-\tau')
\end{pmatrix}
\tag{2.5.35}
$$

因此,无量纲方程组(2.5.17)～(2.5.24)的线性方程组为

$$
\frac{\mathrm{d}\delta_{e_1}(t')}{\mathrm{d}t'} = \left[\frac{g_{e_1}(1-\varepsilon' e_1^2(t'))}{(1+\varepsilon' e_1^2(t'))^2}(n_1(t')-n_{01}) - \gamma_{e_1} \right]\delta_{e_1}(t') -
$$

$$
\varphi_{\theta_1} k_{e_1} e_2(t'-\tau')\sin\theta_1(t')\delta_{\varphi_1}(t') + \frac{g_{e_1} e_1(t')}{1+\varepsilon' e_1^2(t')}\delta_{n_1}(t') +
$$

$$
k_{e_1}\cos\theta_1(t')\delta_{e_2}(t'-\tau') + \varphi_{\theta_1} k_{e_1} e_2(t'-\tau')\sin\theta_1(t')\delta_{\varphi_2}(t'-\tau')
$$

$$
\tag{2.5.36}
$$

$$
\frac{\mathrm{d}\delta_{\varphi_1}(t')}{\mathrm{d}t'} = \left[-\frac{2g_{\varphi_1}\varepsilon' e_1(t')}{(1+\varepsilon' e_1^2(t'))^2}(n_1(t')-n_{01}) + k_{\varphi_1}\frac{e_2(t'-\tau')}{e_1^2(t')}\sin\theta_1(t') \right]\delta_{e_1}(t') -
$$

$$
\varphi_{\theta_1} k_{\varphi_1}\frac{e_2(t'-\tau')}{e_1(t')}\cos\theta_1(t')\delta_{\varphi_1}(t') + \frac{g_{\varphi_1}}{1+\varepsilon' e_1^2(t')}\delta_{n_1}(t') -
$$

$$
\frac{k_{\varphi_1}}{e_1(t')}\sin\theta_1(t')\delta_{e_2}(t'-\tau') + \varphi_{\theta_1} k_{\varphi_1}\frac{e_2(t'-\tau')}{e_1(t')}\cos\theta_1(t')\delta_{\varphi_2}(t'-\tau')
$$

$$
\tag{2.5.37}
$$

$$
\frac{\mathrm{d}\delta_{n_1}(t')}{\mathrm{d}t'} = -\frac{2g_{n_1} e_1(t')}{(1+\varepsilon' e_1^2(t'))^2}(n_1(t')-n_{01})\delta_{e_1}(t') - \left(\gamma_{n_1} + \frac{g_{n_1} e_1^2(t')}{1+\varepsilon' e_1^2(t')}\right)\delta_{n_1}(t')
$$

$$
\tag{2.5.38}
$$

$$
\frac{\mathrm{d}\delta_{e_2}(t')}{\mathrm{d}t'} = \left[\frac{g_{e_2}(1-\varepsilon' e_2^2(t'))}{(1+\varepsilon' e_2^2(t'))^2}(n_2(t')-n_{02}) - \gamma_{e_2} \right]\delta_{e_2}(t') -
$$

$$\varphi_{\theta_2} k_{e_2} e_1(t'-\tau') \sin\theta_2(t') \delta_{\varphi_2}(t') + \frac{g_{e_2} e_2(t')}{1+\varepsilon' e_2^2(t')} \delta_{n_2}(t') +$$

$$k_{e_2} \cos\theta_2(t') \delta_{e_1}(t'-\tau') + \varphi_{\theta_2} k_{e_2} e_1(t'-\tau') \sin\theta_2(t') \delta_{\varphi_1}(t'-\tau')$$

$$(2.5.39)$$

$$\frac{\mathrm{d}\delta_{\varphi_2}(t')}{\mathrm{d}t'} = \left[-\frac{2g_{\varphi_2}\varepsilon' e_2(t')}{(1+\varepsilon' e_2^2(t'))^2}(n_2(t')-n_{02}) + k_{\varphi_2}\frac{e_1(t'-\tau')}{e_2^2(t')}\sin\theta_2(t') \right] \delta_{e_2}(t') -$$

$$\varphi_{\theta_2} k_{\varphi_2}\frac{e_1(t'-\tau')}{e_2(t')}\cos\theta_2(t')\delta_{\varphi_2}(t') + \frac{g_{\varphi_2}}{1+\varepsilon' e_2^2(t')}\delta_{n_2}(t') -$$

$$\frac{k_{\varphi_2}}{e_2(t')}\sin\theta_2(t')\delta_{e_1}(t'-\tau') + \varphi_{\theta_2} k_{\varphi_2}\frac{e_1(t'-\tau')}{e_2(t')}\cos\theta_2(t')\delta_{\varphi_1}(t'-\tau')$$

$$(2.5.40)$$

$$\frac{\mathrm{d}\delta_{n_2}(t')}{\mathrm{d}t'} = -\frac{2g_{n_2} e_2(t')}{(1+\varepsilon' e_2^2(t'))^2}(n_2(t')-n_{02})\delta_{e_2}(t') - \left(\gamma_{n_2} + \frac{g_{n_2} e_2^2(t')}{1+\varepsilon' e_2^2(t')} \right)\delta_{n_2}(t')$$

$$(2.5.41)$$

基于方程组(2.5.17)～(2.5.24)及方程组(2.5.36)～(2.5.41)即可求得 2.5.2 节所提到的最大李雅普诺夫指数,而进一步计算便可求得多个李雅普诺夫指数值。图 2-14 给出了当 $\Delta f = 0\,\mathrm{GHz}$ 时,Lyapunov 指数谱中前 30 个最大 LEs 值、KS 熵(h_{KS})和 KY 维数(d_{KY})分别随耦合强度 k_c 变化的曲线。如图 2-14 所示,当 $k_c > 3.2\,\mathrm{ns}^{-1}$ 时,MDC-SLs 系统具有超混沌行为(因存在两个以上的正 LEs)。并且随着 k_c 从 $2.6\,\mathrm{ns}^{-1}$ 增加到 $10\,\mathrm{ns}^{-1}$,每个 LE 值都在增加,同时系统的正 LEs 数目也在增加,这种现象是延迟动力系统的典型特征。因此,由式(2.5.2)和式(2.5.3)可知,两个 SLs 的 h_{KS} 和 d_{KY} 也将随着 k_c 的增加而增大,为了直观,用图 2-14(a2)、(b2)、(a3)、(b3)展示。此外,从图 2-14(a2)、(b2)、(a3)、(b3)中容易看出,两个 SLs 的 h_{KS} 和 d_{KY} 分别呈现相似的变化趋势,这是由于在 $\Delta f = 0\,\mathrm{GHz}$ 时,两个 SLs 在系统中具有完全相同的作用。而当 $\Delta f \neq 0$ 时,由于两个 SLs 的中心频率不同,其 h_{KS} 和 d_{KY} 将分别呈现不同的变化趋势。

接下来,将分析频率失谐 Δf 如何影响 MDC-SLs 系统输出的混沌信号的复杂度。图 2-15 仿真了 $k_c = 9\,\mathrm{ns}^{-1}$ 时,Lyapunov 指数谱中前 60 个最大 LEs 值、KS 熵(h_{KS})和 KY 维数(d_{KY})分别随频率失谐 Δf 变化的曲线。如图 2-15(a1)、(b1)所示,两个 SLs 的 LEs 随 Δf 表现出复杂的变化趋势,在 $|\Delta f|$ 相对较小的频率失谐 Δf 处,两个 SLs 能输出具有更多正 LEs 的混沌信号,在 $-10\,\mathrm{GHz} \leqslant \Delta f \leqslant 10\,\mathrm{GHz}$

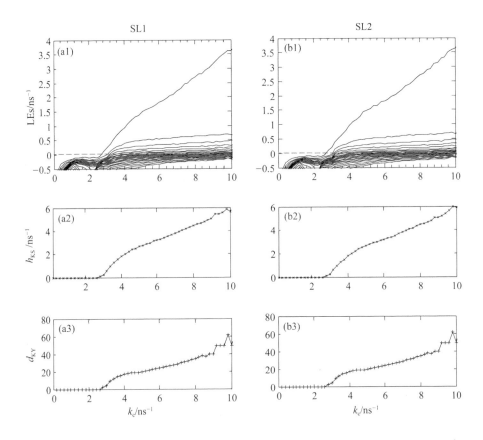

图 2-14 当 $\Delta f = 0\,\text{GHz}$ 时，LEs、KS 熵和 KY 维数分别随耦合强度 k_c 变化的曲线

范围内，两个 SLs 同时输出超混沌信号。结合图 2-15(a2)、(b2) 或图 2-15(a3)、(b3)，可以清晰地看出 SL1 和 SL2 之间存在的镜像对称关系。此外，可以看到，振荡频率较低的 SL 输出的混沌信号具有较高的 h_{KS} 和 d_{KY}。且当耦合强度 $k_c = 9\,\text{ns}^{-1}$ 时，Δf 在 $-5\,\text{GHz}$ 附近时，SL1 输出的混沌信号的 h_{KS} 和 d_{KY} 最大；而 Δf 在 $5\,\text{GHz}$ 附近时，SL2 输出的混沌信号的 h_{KS} 和 d_{KY} 最大。

综上所述，考虑参数变化范围为 $13\,\text{ns}^{-1} < k_c \leqslant 18\,\text{ns}^{-1}$，$-16\,\text{GHz} \leqslant \Delta f \leqslant 16\,\text{GHz}$ 的情况，图 2-16 给出了 h_{KS} 和 d_{KY} 在 Δf 和 k_c 构成的参数空间内的分布情况。从图 2-16 中可以看出，h_{KS} 和 d_{KY} 呈现相似的变化趋势。虽然 MDC-SLs 系统的镜像对称关系导致两个 SLs 不可能同时输出两组复杂度最高（同时达到其最大值）的混沌信号，但是在最优范围 $13\,\text{ns}^{-1} < k_c \leqslant 18\,\text{ns}^{-1}$ 和 $\Delta f \approx 0$ 内仍然可以同时获得两组弱 TDS、高复杂度的优质混沌信号。

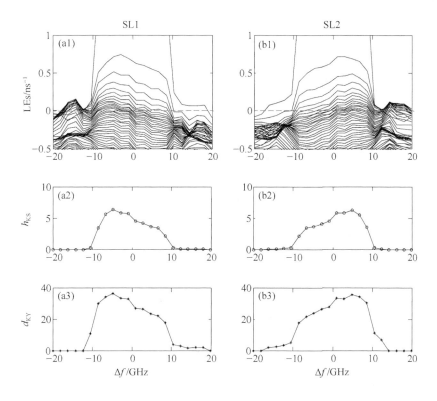

图 2-15 当 $k_c = 9\ \mathrm{ns}^{-1}$ 时,LEs、KS 熵和 KY 维数分别随频率失谐 Δf 变化的曲线

2.5.5 本节小结

本节对相互耦合 SLs(MDC-SLs)系统如何获取优质混沌信号进行了全面的仿真研究,其中采用时延特性(TDS)和复杂度特性来衡量两个 SLs 输出的混沌信号的优劣。对 TDS 利用自相关函数(ACF)进行识别,复杂度采用 Kolmogorov-Sinai(KS)熵和 Kaplan-York(KY)维数进行量化评价。首先,通过分析时间序列及提取相应的 TDS,两组弱 TDS 混沌信号在由耦合强度 k_c 和频率失谐 Δf 构成的参数空间内所处的参数区域被确定。其次,通过对混沌信号的 KS 熵和 KY 维数的进一步数值计算,得到了 MDC-SLs 系统同时产生两组具有弱 TDS 和高复杂度的优质混沌信号的最优参数范围,本书后续章节中使用的混沌掩码信号是在这个参数范围内对本节仿真产生的优质混沌信号。此外,本节所做工作还为实际应用中如何获取优质混沌载波提供了理论指导。

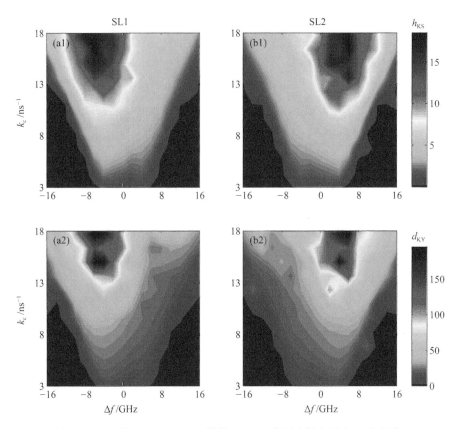

图 2-16　KS 熵(a1,b1)和 KY 维数(a2,b2)分别在耦合强度 k_c 和频率
失谐 Δf 构成的参数空间内的演化图

2.6　本章总结

　　本章主要对后续章节涉及的 RC 中的 SL 基本理论进行了介绍。首先给出了自由运行 SL 的速率方程模型,进一步将其拓展成光反馈 SL、光注入 SL、互耦合 SLs 的速率方程模型。在此基础上,综合利用判别 SL 非线性动力学特性的常用方法,即时间序列、功率谱、相图、分岔图和二维参量的动力学状态演化图,分析了光反馈 SL 和光注入 SL 的非线性动力学特性,为后续章节构建基于 SL 的储备池提供必要的理论依据。其次,对 RC 中输入层数据的掩码过程及掩码的作用进行了详细介绍,并对本书选用混沌掩码的依据以及所用混沌掩码信号的产生过程进行

了详细阐述。其中,本书所用混沌掩码信号是对相互延迟耦合 SLs 系统进行仿真输出的优质混沌信号。而混沌信号的优劣采用了 TDS 和复杂度特性来衡量。对 TDS 利用了自相关函数进行识别,对复杂度特性采用了 Kolmogorov-Sinai 熵和 Kaplan-York 维数进行量化评价。

本章参考文献

[1] Schawlow A L, Townes C H. Infrared and optical masers. Phys. Rev., 1958, 112: 1940.

[2] Maiman T H. Stimulated optical radiation in ruby. Nature, 1960, 187: 493.

[3] Hall R N, Fenner G E, Kingsley J D, et al. Coherent light emission from GaAs junctions. Phys. Rev. Lett., 1962, 9(9): 366-368.

[4] Nathan M I, Dumke W P, Burns G, et al. Stimulated emission of radiation from GaAs p-n junctions. Appl. Phys. Lett., 1962, 1: 62.

[5] 李学千. 半导体激光器的最新进展及其应用. 长春光学精密机械学院学报, 1997, 4: 56-63.

[6] Welch D F. A brief history of high-power semiconductor lasers. IEEE J. Sel. Top. Quantum Electron., 2000, 6(6): 1470-1477.

[7] 苏华, 李守春, 王立军. 半导体激光器在医疗上的应用及其前景展望. 应用激光, 2006, 2: 125-130.

[8] Argwa G P. Semiconductor lasers. Kluwer Academic publishers, 1993.

[9] Ohtsubo J. Semiconductor lasers stability, instability and chaos. Springer, 2013.

[10] Sacher J, Baums D, Panknin P, et al. Intensity instabilities of semiconductor lasers under current modulation external light injection and delayed feedback. Phys. Rev. A, 1992, 45(3): 1983-1905.

[11] Uchida A. Optical communication with chaotic lasers. Weinheim: Wiley-VCH Verlag GmbH & Co. KGaA, 2012.

[12] Lang R, Kobayashi K. External optical feedback effects on semiconductor injection laser properties. IEEE J. Quantum Electron., 1980, 16(3): 347-355.

[13] Heil T, Fischer I, Elsasser W, et al. Chaos synchronization and spontaneous symmetry-breaking in symmetrically delay-coupled semiconductor lasers. Phys. Rev. Lett. ,2001, 86(5): 795-798.

[14] Chattopadhyay T, Bhattacharya M. Submillimeter wave generation through optical four-wave mixing using injection-locked semiconductor lasers. J. Lightwave Technol. , 2002, 20(3): 502-506.

[15] Yue D Z, Wu Z M, Hou Y S, et al. Performance optimization research of reservoir computing system based on an optical feedback semiconductor laser under electrical information injection. Opt. Express, 2019, 27(14): 19931-19939.

[16] Hou Y S, Yi L L, Xia G Q, et al. Exploring high quality chaotic signal generation in mutually delay coupled semiconductor lasers system. IEEE Photon. J. , 2017, 9(5): 1505110.

[17] Yue D Z, Wu Z M, Hou Y S, et al. Effects of some operation parameters on the performance of a reservoir computing system based on a delay feedback semiconductor laser with information injection by current modulation. IEEE Access, 2019, 7: 128767-128773.

[18] Goldberg L, Chun M K. Injection locking characteristics of a 1 W broad stripe laser diode. Appl. Phys. Lett. , 1988, 53(20): 1900-1902.

[19] Chan S C, Liu J M. Microwave frequency division and multiplication using an optically injected semiconductor laser. IEEE J. Quantum Electron. , 2005, 41(9): 1142-1147.

[20] Yabre G, Waardt H D, Boom H P A v d, et al. Noise characteristics of single-mode semiconductor lasers under external light injection. IEEE J. Quantum Electron. , 2000, 36(3): 385-393.

[21] Kovanis V, Gavrielides A, Simpson T B, et al. Instabilities and chaos in optically injected semiconductor lasers. Appl. Phys. Lett. , 1995, 67 (19): 2780-2782.

[22] Soriano M C, Ortín S, Brunner D, et al. Optoelectronic reservoir computing: tackling noise-induced performance degradation. Opt.

Express，2013，21(1)：12-20.

[23] Appeltant L，Sande G V d，Danckaert J，et al. Constructing optimized binary masks for reservoir computing with delay systems. Sci. Rep. ，2014，4：3629.

[24] VanWiggeren G D，Roy R. Communication with chaotic lasers. Science，1998，279(5354)：1198-1200.

[25] Argyris A，Syvridis D，Larger L，et al. Chaos-based communications at high bit rates using commercial fibre-optic links. Nature，2005，438 (7066)：343-346.

[26] Kanter I，Aviad Y，Reidler I，et al. An optical ultrafast random bit generator. Nat. Photonics，2010，4(1)：58-61.

[27] Lin F Y，Liu J M. Chaotic lidar. IEEE J. Sel. Top. Quantum Electron. ，2004，10(5)：991-997.

[28] Yan S L. Chaotic synchronization of two mutually coupled semiconductor lasers for optoelectronic logic gates. Commun. Nonlinear Sci. Numer. Simul. ，2012，17(7)：2896-2904.

[29] Rontani D，Locquet A，Sciamanna M，et al. Time-delay identification in a chaotic semiconductor laser with optical feedback：a dynamical point of view. IEEE J. Quantum Electron. ，2009，45(7)：879-891.

[30] Rontani D，Locquet A，Sciamanna M，et al. Loss of time-delay signature in the chaotic output of a semiconductor laser with optical feedback. Opt. Lett. ，2007，32(20)：2960-2962.

[31] Vicente R，Dauden J，Colet P，et al. Analysis and characterization of the hyperchaos generated by a semiconductor laser subject to a delayed feedback loop. IEEE J. Quantum Electron. ，2005，41(4)：541-548.

[32] Barbara C，Silvano C. Hyperchaotic behavior of two bidirectionally Chua's circuits. Int. J. Circuit Theory Appl. ，2002，30(6)：625-637.

[33] Zunino L，Rosso O A，Soriano M C. Characterization the hyperchaotic dynamics of a semiconductor laser subject to optical feedback via permutation entropy. IEEE J. Sel. Top. Quantum Electron. ，2011，17

(5):1250-1257.

[34] Toomey J P, Kane D M. Mapping the dynamic complexity of a semiconductor laser with optical feedback using permutation entropy. Opt. Express, 2014, 22 (2): 1713-1725.

[35] Kanno K, Uchida A. Consistency and complexity in coupled semiconductor lasers with time-delayed optical feedback. Phys. Rev. E, 2012, 86 (6): 066202.

[36] Rosenstein M T, Collins J J, De Luca C J. A practical method for calculating largest Lyapunov exponents from small data sets. Physica D, 1993, 65(1-2): 117-134.

[37] Wolf A, Swift J B, Swinney H L, et al. Determing Lyapunov exponent from a time series. Physica D, 1985, 16(3): 285-317.

第 3 章　基于双光反馈半导体激光器的储备池计算

3.1　引　　言

正如在本书开头所叙述的,我们如今生活在一个充斥着大量信息的时代,对处理各种信息的技术要求越来越高。尽管冯·诺伊曼计算机在处理逻辑运算上展现了非凡的能力,但在处理一些复杂任务,如时间序列预测或手写数字识别时,其计算效率及准确率并不令人满意。从 20 世纪 80 年代逐渐发展起来的人工神经网络技术模仿大脑处理信息的方式展现了处理复杂任务的潜力。在网络中添加递归结构使得神经网络具有了一定的记忆能力而发展为递归神经网络(RNN),这种结构在处理时间序列方面展现了优势,但复杂的拓扑结构也导致了训练过程的烦琐。RNN 的训练时间长,计算资源消耗高以及训练中对各部分连接权重的不断修正都限制了它在硬件上的实施。Jaeger 等人提出的回声状态网络和 Maass 等人提出的液体状态机的概念,使用了随机生成且固定的输入权重及内部连接权重,而只需对输出权重进行训练。因为这种训练方法不改变系统的连接结构,只改变非线性节点状态的读出权重,使训练过程变得简单。这两种概念形成了一种独立的机器学习方法,即储备池计算。2011 年,L. Appeltant 等人成功将由大量非线性节点构成的空间型储备池替代为单个非线性节点加反馈环的延时型储备池,这种简化的结构表现出与传统储备池相当甚至更好的计算性能。由于对硬件需求量少,这种方法很快被应用到电子及光学领域。

延时型 RC 在光学领域的研究主要集中在对非线性器件的选择。一种是将激光器作为光源,而非线性节点使用马赫-曾德尔调制器、半导体光放大器、光电二极管及半导体饱和吸收镜等。另一种是基于 SL 在光注入或光反馈下展现的非线性动态特性而将其作为非线性节点。2013 年,D. Brunner 等人对波长为 1 542 nm 的 SL 作为非线性节点的储备池进行了实验验证。当激光器运行在阈值电流附近,在平行光注入及偏振旋转反馈的情况下,设置外腔反馈延时为 77.6 ns,测试非线性信道均衡任务获得的 WER 仅为 $1.4×10^{-4}$。在执行 Santa Fe 混沌时间序列预测任务时,预测误差为 0.16。2016 年,J. Nakayama 等人理论研究了基于单光反馈 SL 的 RC 系统,并使用混沌时间序列作为掩码,在外腔延时为 40.1 ns 的情况下,Santa Fe 混沌时间序列预测任务的预测误差减少到 0.008。2018 年,J. Vatin 等人提出利用 VCSEL 构建 RC 系统的方案,对构建的光反馈 VCSEL 系统进行了理论研究,并对 VCSEL 在平行偏振光反馈和正交偏振光反馈下系统的性能进行了比较,分析了系统的记忆能力。他们借助于非线性信道均衡任务对系统的分类性能进行了测试,在使用 0.64 ns 短延时反馈环路,考虑 32 dB 附加噪声,数据处理速率达到1.5 GSa/s 的情况下,SER 达到了 10^{-5} 量级的结果。以上仿真或实验的研究充分体现了 SL 对输入数据的高维映射能力及快速的数据处理能力。另外,通过引入 SL 实现的全光 RC 具有快速、高功效、宽带宽和内在并行的优势。因此,基于 SL 实现的延时型 RC 越来越受到人们的关注。然而,这些基于 SL 延时反馈系统实现 RC 的方案几乎都建立在储备池采用单个反馈环的结构上。基于电子电路实现 RC 的相关研究表明,在储备池中引入多个反馈环有助于提高 RC 系统的预测性能。基于此,本章提出一个基于双光反馈 SL 的 RC 系统,采用 2.5 节 MDC-SLs 系统输出的模拟混沌信号作为这个 RC 的掩码,针对 Santa Fe 混沌时间序列预测基准任务,对该 RC 系统的预测性能随系统中一些典型参量的变化进行全面的数值仿真。依据仿真结果,分析这些典型参量对该 RC 系统预测性能的影响。同时,对基于单、双光反馈 SL 的 RC 系统的预测性能进行比较,并通过进一步对比两个储备池的虚拟节点状态以及系统的渐褪记忆能力,揭示两个系统的预测性能存在差异的原因。

3.2　基于双光反馈半导体激光器的储备池计算系统

3.2.1　系统结构

图 3-1 为基于响应 SL 在双光反馈和光注入下进行时间序列预测任务的 RC

系统示意图。在这个系统中,一个响应 SL(R-SL)和两个长短不同的延时反馈环作为储备池,当移除该储备池中的一个延时反馈环后,系统退化成 R-SL 加单个反馈环作为储备池的结构。这个 RC 系统也由输入层、储备池和输出层三个部分组成。输入层进行的是信号的预处理过程,完成对输入信号的掩码。如图 3-1 所示,一个连续输入信号 $u(t)$ 被离散采样为 $u(n)$,同时将每个离散采样点 $u(n)$ 保持 T 时间,这样便得到以 T 为周期的分段常数函数,该函数和周期为 T 的掩码信号 $M(t)$ 相乘后再进行适当缩放得到被掩码的输入信号 $S(t)$,最终通过将 $S(t)$ 加载到驱动 SL(D-SL)输出的光信号上而将其注入储备池。掩码的作用相当于传统 RC 中的输入连接权重,使得系统始终处于暂态响应状态,从而使储备池中呈现更丰富的虚拟节点动态。在储备池中,R-SL 在时间间隔 θ 内的一个输出值被看作虚拟网络一个节点的状态,这样 R-SL 在连续时间间隔 θ 内的输出值对应一系列的虚拟节点状态。由于这个 RC 系统有两个延时反馈环,当第 n 个离散输入信号 $u(n)$ 转化的掩码输入信号 $S(t)〔(n-1)T \leqslant t < nT〕$完全注入储备池时,较短延时反馈环只包含时间段 $(n-1)T \leqslant t < nT$ 内的输入 $u(n)$ 所对应的虚拟节点,而较长延时反馈环不仅包含较短延时反馈环的所有虚拟节点,还包含时间段 $(n-2)T \leqslant t < (n-1)T$ 内的输入 $u(n-1)$ 所对应的虚拟节点。在输出层中,记录短延时反馈环中所有虚拟节点的状态并进行线性加权求和后,输出计算结果。

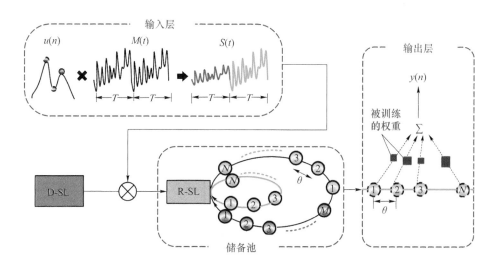

图 3-1　基于响应 SL 在双光反馈和光注入下进行时间序列预测任务的 RC 系统示意图

这里采用线性最小二乘法最小化目标函数和 RC 输出之间的均方误差,来优化读出权重。我们的 RC 系统涉及 3 个时间尺度,即掩码信号的周期 T,光反馈回路中长、短延时反馈环的延迟时间 τ_1 和 τ_2。因此,当设定了虚拟节点间隔时间 θ 后,虚拟节点数 $N=T/\theta$ 由 T 决定。本章中采用去同步方法,即 $\tau_1=T+\theta$。

3.2.2 系统模型

基于上述描述,考虑 R-SL 引入了第二个延时反馈环,并将 D-SL 的输出光调制掩码信号后注入 R-SL,因此借助于 2.2.2 节及 2.2.3 节的理论模型,可以将描述这个储备池中 R-SL 的速率方程表示为

$$\frac{dE(t)}{dt}=\frac{1}{2}(1+i\alpha)\left[\frac{g(N(t)-N_0)}{1+\varepsilon|E(t)|^2}-\frac{1}{\tau_p}\right]E(t)+k_1E(t-\tau_1)\exp(-i2\pi\nu\tau_1+i\varphi_1)+$$

$$k_2E(t-\tau_2)\exp(-i2\pi\nu\tau_2+i\varphi_2)+k_{inj}E_{inj}(t)\exp(i2\pi\Delta\nu)+F(t) \quad (3.2.1)$$

$$\frac{dN(t)}{dt}=J-\frac{N(t)}{\tau_s}-\frac{g(N(t)-N_0)}{1+\varepsilon|E(t)|^2}|E(t)|^2 \quad (3.2.2)$$

在上述方程组中,E 表示 R-SL 慢变电场的复振幅,N 表示平均载流子数密度。α 代表线宽增强因子,g 是微分增益,N_0 为透明载流子数密度,ε 是增益饱和系数。k_1 表示 R-SL 的短延时反馈环的光反馈强度,k_2 表示 R-SL 的长延时反馈环的光反馈强度,k_{inj} 表示 D-SL 注入 R-SL 的注入光强度。ν 表示 R-SL 在自由运行时的频率,$\Delta\nu(=\nu_D-\nu_R)$ 表示 D-SL 和 R-SL 之间的频率失谐。τ_p 和 τ_s 分别为光子寿命和载流子寿命,J 为 R-SL 的注入电流。φ_1 和 φ_2 分别表示延时反馈环 1 和延时反馈环 2 的反馈场与激光器内腔场在反馈注入点的相位差。$F(t)=(2\beta N)^{1/2}$ 表示高斯白噪声项,其中 β 是自发辐射速率。

在实际应用中,被掩码信号 $S(t)$ 是利用任意波形发生器(AWG)发出并传输给马赫-曾德尔调制器(MZM),再由 MZM 调制到注入光上。常用的调制方式有强度调制和相位调制两种,这里采用相位调制的方法。于是注入 R-SL 的注入光场的慢变电场复振幅可以表示为

$$E_{inj}(t)=\sqrt{I_d}\exp(i\pi S(t)) \quad (3.2.3)$$

其中,I_d 为 D-SL 输出连续光波的光强。$S(t)$ 由 3.2.1 节的系统描述可以表示为

$$S(t)=M(t)\times u(n)\times\gamma \quad (3.2.4)$$

其中,$u(n)$ 是对时间连续输入信号进行采样得到的离散信号,$M(t)$ 是周期为 T 的

掩码信号,γ 是缩放因子(也称输入增益)。

下面的章节将利用四阶 Runge-Kutta 算法对速率方程组(3.2.1)~(3.2.2)进行数值求解,为了便于与基于单光反馈 SL 的 RC 系统的预测性能进行比较,速率方程组(3.2.1)~(3.2.2)中各参数的取值如下:$\alpha = 3.0, g = 8.4 \times 10^{-13}\ \text{m}^3\,\text{s}^{-1}$, $N_0 = 1.4 \times 10^{24}\ \text{m}^{-3}, \varepsilon = 2.0 \times 10^{-23}, \tau_p = 1.927\ \text{ps}, \tau_s = 2.04\ \text{ns}, k_{\text{inj}} = 12.43\ \text{ns}^{-1}$, $\nu = 1.96 \times 10^{14}\ \text{Hz}, \Delta\nu = -4.0\ \text{GHz}, J = 1.037 \times 10^{33}\ \text{m}^{-3}\,\text{s}^{-1}, I_d = 6.56 \times 10^{20}, \beta_{\text{sp}} = 10^{-6}$。单光反馈时 $k_1 = 15.53\ \text{ns}^{-1}, k_2 = 0\ \text{ns}^{-1}$,双光反馈时 $k_1 = k_2 = 7.765\ \text{ns}^{-1}$。在本节的数值模拟中,如无特殊指明,$\gamma = 1$。

2.4.1 节已经提到,在基于延时反馈 SL 的 RC 系统中,可以通过选用合适的混沌信号做掩码信号来提高 RC 系统的性能,只要这个混沌信号在频域上的峰频接近于储备池中 R-SL 的弛豫振荡频率。由以上参数取值,可以计算出双光反馈 R-SL 在光注入下弛豫振荡频率为 5.70 GHz,因此,这里选用 2.5 节 MDC-SLs 系统模拟输出的峰频约为 5.68 GHz 的优质混沌信号做掩码,并对这个混沌掩码信号进行幅度缩放,使其均值为 0,标准差为 1。

在一般情况下,储备池中 R-SL 的非线性特性直接影响 RC 系统的预测性能,增强 R-SL 的非线性可以改进 RC 性能。我们课题组前期的研究结果表明,在适当操作参数条件下,双光反馈 R-SL 呈现比单光反馈 R-SL 强的非线性。具体地,当一个双光反馈 SL 的长短延时反馈环的延迟时间差为 $\tau_2 - \tau_1 = 0.335\ \text{ns}$〔这个值接近于 R-SL 在自由运行时弛豫振荡频率倒数(~0.67 ns)的 1/2〕时,双光反馈 SL 表现出比单光反馈 SL 强的非线性特性,因此能够使储备池内部节点的状态更加丰富。在上面给定的参数值条件下,由式(2.2.12)可以计算出基于双光反馈 SL 的 RC 系统中 R-SL 在自由运行时的弛豫振荡频率约为 1.5 GHz,因此设定 $\tau_2 - \tau_1 = 0.335\ \text{ns}$。

3.2.3　测试任务及评价指标

下面选用 Santa Fe 时间序列预测任务来量化评价基于双光反馈 SL 的 RC 系统的预测性能。这个任务是一个极具挑战性的任务,目的是对一个混沌时间序列数据进行提前一步预测。Santa Fe 数据集是一个远红外激光器运行在混沌态输出的混沌时间序列,图 3-2 所示为截取的一段 Santa Fe 混沌时间序列数据样本。

Santa Fe 时间序列预测任务被广泛应用于机器学习领域,是判断机器学习能

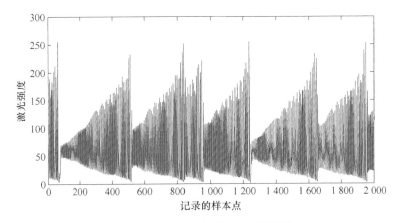

图 3-2 Santa Fe 混沌时间序列数据样本

力的一个基准测试任务。它是一个同变量预测任务,如图 3-3(a)所示,即由变量 X 的当前输入 $u(n)$,预测出变量 X 的下一步取值 $u(n+1)$。而对于预测任务,还存在交叉变量预测,图 3-3(b)为一步交叉预测的情况,即由变量 X 的当前输入 $u(n)$ 预测出同一系统的不同变量 Y 的 $v(n+1)$,本书对交叉预测不做讨论。

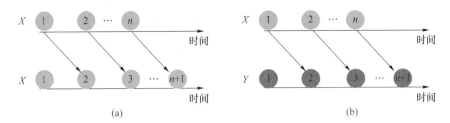

图 3-3 同变量的时间序列一步预测(a)和不同变量的时间序列一步交叉预测(b)

Santa Fe 数据集包含 9 000 个点,我们选用它的前 4 000 个点并用其中的前 3 000 个点做训练集、后 1 000 个点做测试集。通常通过计算期望输出和 RC 输出之间的归一化均方误差(NMSE)来评估预测性能:

$$\text{NMSE} = \frac{1}{L} \frac{\sum_{n=1}^{L} (y(n) - \overline{y}(n))^2}{\sigma^2(\overline{y}(n))} \tag{3.2.5}$$

式中,y 是 RC 输出,$\overline{y}$ 是期望输出,n 是输入的数据序列的下标,L 是测试集中的元素数,σ 是标准差。已有研究指出,通常当 NMSE≤10％时,RC 系统具有良好的预测性能。

3.2.4　系统动力学特性分析

我们采用光注入的方式注入信息数据,在 2.3.2 节中已经分析了光注入下 SL 的动力学特性,并提到了在 RC 中注入强度不能太高,以避免强锁定状态使系统非线性降低,同时要避免注入强度太低导致系统振荡,因此采用负频率失谐注入是一个折中的办法。本章设定 $\Delta\nu=-4.0\,\mathrm{GHz}$。此时,这个 RC 系统在没有反馈的情况下,逐渐增加注入强度,R-SL 输出的光强局部极值如图 3-4 所示。从图 3-4 中可以看到,当 $k_{\mathrm{inj}}\leqslant 2.65\,\mathrm{ns}^{-1}$ 时,随着注入强度 k_{inj} 的增加,R-SL 处于单周期振荡状态,在 $2.5\,\mathrm{ns}^{-1}<k_{\mathrm{inj}}\leqslant 3.6\,\mathrm{ns}^{-1}$ 的范围内,系统经历了多周期到混沌再到单周期的演变,之后随着注入强度 k_{inj} 的增加,R-SL 达到稳定锁定态,这与图 2-3 所得趋势相一致。据此,在 $3.6\,\mathrm{ns}^{-1}<k_{\mathrm{inj}}\leqslant 14\,\mathrm{ns}^{-1}$ 区间内选择 RC 的 k_{inj} 是合理的,本章设定 $k_{\mathrm{inj}}=12.43\,\mathrm{ns}^{-1}$。对于单、双光反馈 SL 的 RC 系统,反馈强度分别为:单光反馈时 $k_1=15.53\,\mathrm{ns}^{-1}$,$k_2=0\,\mathrm{ns}^{-1}$,双光反馈时 $k_1=k_2=7.765\,\mathrm{ns}^{-1}$。此时,在无信息数据注入但注入 CW 光的注入强度为 $k_{\mathrm{inj}}=12.43\,\mathrm{ns}^{-1}$ 的条件下,两个 RC 系统都是稳态输出。

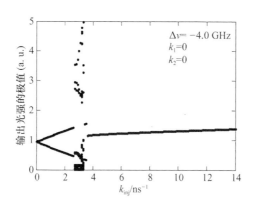

图 3-4　光注入下响应 SL 输出光强的极值随着注入强度 k_{inj} 变化的分岔图

3.3　系统预测性能分析

首先对基于双光反馈 SL 的 RC(DFSL-RC)系统与基于单光反馈 SL 的 RC(SFSL-RC)系统的预测性能进行比较。为此,设定 DFSL-RC 系统输入数据的周期(掩码周期)$T=40\,\text{ns}$,对应于系统的数据处理速率为 25 MSa/s,反馈环 1 和反馈环 2 的延迟时间分别为 $\tau_1=T+\theta, \tau_2=\tau_1+T_{RO}/2$,其中 T_{RO} 为 R-SL 的弛豫振荡周期。在上述条件下,图 3-5 给出了 DFSL-RC 与 SFSL-RC 系统的预测性能对比结果。其中,图 3-5(a)和图 3-5(b)分别给出了 SFSL-RC 和 DFSL-RC 系统的 NMSE 在虚拟节点间隔 θ 及虚拟节点数目 N 逐渐增大时的变化曲线。从图 3-5(a)和图 3-5(b)中都可以清楚地看到,DFSL-RC 系统较 SFSL-RC 系统表现出较好的预测性能。从图 3-5(a)中可以看出,在 DFSL-RC 系统中,当 $\theta<140\,\text{ps}$ 时,所有的 NMSE 值都在 1%附近波动,且当 $\theta=50\,\text{ps}$ 时,NMSE 仅约为 0.008 3。从图 3-5(b)中可以发现,即使对于小的虚拟节点数 $N=50$ 和 80,DFSL-RC 系统的 NMSE 也不超过 10%,远小于相应的 SFSL-RC 系统的 NMSE,对于较大的 N 值,NMSE 不超过 5%,表现出 DFSL-RC 系统的优异预测性能。此外,从图 3-5(a)中还可以看到,对 DFSL-RC 系统,储备池内虚拟节点的时间间隔 θ 有较大的调整范围,换句话说,对应于图 3-5(b),反馈环中虚拟节点的数量可以大幅度减少,因此,DFSL-RC 具有提高数据处理速度的潜能。

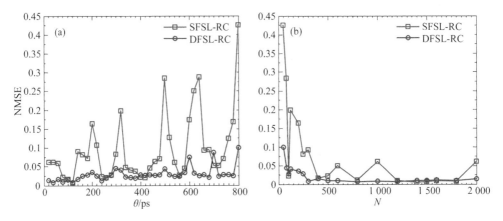

图 3-5 当 $T=40\,\text{ns}$,基于单光反馈 SL 的 RC 系统和基于双光反馈 SL 的 RC 系统的 NMSE 分别随虚拟节点间隔 θ(a)及虚拟节点数目 N(b)变化的曲线。单光反馈 RC 的 $k_1=15.53\,\text{ns}^{-1}$, $\tau_1=T+\theta$;双光反馈 RC 的 $k_1=k_2=7.765\,\text{ns}^{-1}$, $\tau_1=T+\theta$, $\tau_2-\tau_1=0.335\,\text{ns}$

综上所述,DFSL-RC 系统较 SFSL-RC 系统具有更好的预测性能。除此之外,由于 DFSL-RC 系统较 SFSL-RC 系统增加了一个延时反馈环,导致 R-SL 能表现出更加复杂的非线性动态,并具有提高数据处理速度的潜能,因此,即使采用较小

的虚拟节点间隔 θ 及较短周期 T 的掩码信号,DFSL-RC 系统仍能更好地实现输入信号的高维变换及虚拟节点的瞬态响应,进而实现对输入信息数据更加快速(输入信息的处理速率是 $T=N\theta$ 的倒数)、高效的处理。

接下来,尝试提升 DFSL-RC 系统的信息处理速度,重点分析在不同掩码周期下,DFSL-RC 系统对预测任务的预测表现。图 3-6 针对虚拟节点 N 的几个常用典型参数值,给出了 DFSL-RC 系统的 NMSE 随掩码信号周期 T 变化的曲线。如图 3-6 所示,当 N 一定时,随着 T 的增加,NMSE 整体呈现逐渐下降的趋势,换言之,随着输入信息数据处理速率的减慢,DFSL-RC 系统的预测性能在逐渐提高。在 3.2.3 节已经量化指出,只要 NMSE≤10%,就可以认为系统表现出良好的预测性能。从应用的角度来看,对于相同的输入信息数据处理速率,N 越小,实验实施就越容易。原因在于,对于固定的 $T(=N\theta)$,较小的 N 意味着较大的 θ,这将有益于减少任意波形发生器的存储容量以及示波器的采样需求。在考虑这些因素后,在下面的讨论中,设定 $N=100$ 和 $\theta=10$ ps,因此 $T=1$ ns,这意味着输入信息数据流以 1 GSa/s 的速率注入 RC 系统。

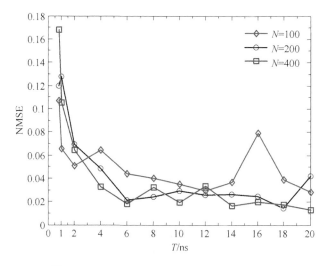

图 3-6　$\tau_2-\tau_1=0.335$ ns,$N=100,200,400$,

基于双光反馈 SL 的 RC 系统的 NMSE 随掩码信号周期 T 变化的曲线

在上面的模拟中,参考了我们课题组此前的工作而设定 $\tau_2=\tau_1+T_{RO}/2$(T_{RO} 是 R-SL 在自由运行时的弛豫振荡周期)。然而,与之不同的是,由于在这项工作中 R-SL 被用作储备池而进一步引入了额外的光注入,因此最优反馈时间可能与仅有双光反馈而无光注入的情况不同。下面进一步分析了反馈环 2 的延迟时间 τ_2 的最佳取值范围。

图 3-7 给出了在 1 GSa/s 的输入信息数据处理速率下,DFSL-RC 系统的 NMSE 随延时反馈时间 τ_2 变化的曲线,图中所用 τ_2 的积分步长近似为 10 ps。从图 3-7 中可以看出,NMSE 随着 τ_2 的增大而波动,其最小值约为 3.62%,出现在 $\tau_2=1.17\,\mathrm{ns}$ 处,仍然接近于 $\tau_2=\tau_1+T_{\mathrm{RO}}/2=1.345\,\mathrm{ns}$ 的分析结果。此外,从图 3-7 中可以看到,NMSE 的变化并不是平滑的,而是反复地上下波动,这说明反馈环 2 长度的微小变化就会导致预测性能的剧烈波动,并具有一定的周期性。因此下面分析了在 $\tau_2=1.17\,\mathrm{ns}$ 处,NMSE 随相位偏移(相对于相位 $2\pi\nu\tau_2$ 的相位偏移)的变化趋势曲线。

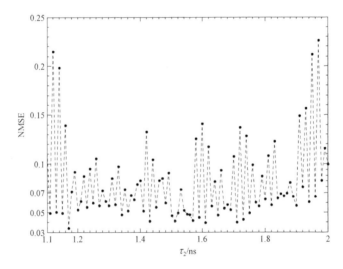

图 3-7 输入信息数据处理速率为 1 GSa/s 时,基于双光反馈
SL 的 RC 系统的 NMSE 随延时反馈时间 τ_2 变化的曲线

图 3-8 给出了 NMSE 随相位偏移(相对于相位 $2\pi\nu\tau_2$,$\tau_2=1.17\,\mathrm{ns}$ 的相位偏移)变化的趋势曲线。图 3-8 中横坐标是以积分步长约为 0.16 fs 改变 τ_2 取值,使得相位偏移在区间 $[-2\pi,2\pi)$ 内变化。这种对反馈环长度细微变化的分析对实现高性能 RC 系统具有指导意义,在实验中可以通过基于压电陶瓷的高精度(纳米及以下)受控系统,来实现反馈环长度的精细调整。从图 3-8 中可以观察到 NMSE 呈现周期性变化。

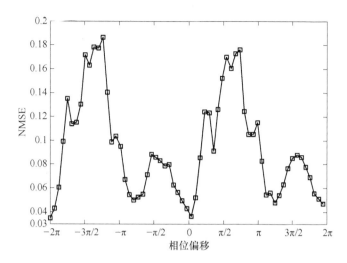

图 3-8　输入信息数据处理速率为 1 GSa/s 时,基于双光反馈 SL 的 RC
系统在延时反馈时间 $\tau_2 = 1.17$ ns 处,NMSE 随相位偏移变化的趋势曲线

以上结果是在 $\gamma = 1$ 的情况下得到的。之前的相关研究表明,掩码信号的缩放
因子也是影响 RC 系统性能的重要参数。因此,图 3-9 给出了输入信息数据处理速
率为 1 GSa/s 时,DFSL-RC 系统的 NMSE 随缩放因子 γ 变化的曲线。从图 3-9 中
可以看到,随着 γ 的增加,NMSE 大致呈现先减少然后波动增加的趋势。当缩放因
子 γ 在区间(0.4,4)内变化时,所有 NMSE 都小于 10%,并在 $\gamma = 1.12$ 时,NMSE
取得最小值 3.41%。在单光反馈 SL 的 RC 系统中已经报道了类似的变化趋势,并
推测最小误差存在的物理机制是驱动信号在相位调制时调制幅度受 2π 的限制。

为了系统地揭示 τ_2 和 γ 对 DFSL-RC 系统的预测性能的影响,图 3-10 给出了
$N = 100$ 和 $\theta = 10$ ps 时 NMSE 在 τ_2 和 γ 构成的参数空间内的分布图,其中不同颜
色表征了 NMSE 的不同值。在图 3-10 中深蓝色和深绿色的区域内,所有 NMSE<
10%,即 DFSL-RC 系统表现出良好的预测性能,特别地,在深绿色的区域内,所有
NMSE≤5%。在 $\tau_2 = 1.52$ ns 和 $\gamma = 0.63$ 时,DFSL-RC 系统实现了 NMSE =
2.93% 的最佳预测性能。

需要指出的是,以上分析及结论都是在方程(3.2.1)中初相位 $\Phi_1 = \Phi_2 = 0$ 的条
件下得到的。为了对比 Φ_1 及 Φ_2 在不同情况下对系统性能的影响,在图 3-8 的基
础上,进一步讨论不同初相位的情况下,相位的偏移对预测误差的影响,仿真结果

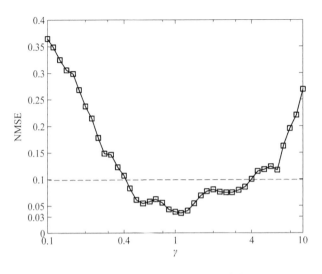

图 3-9　NMSE 随缩放因子 γ 变化的曲线，其中 $\tau_2 = 1.17$ ns

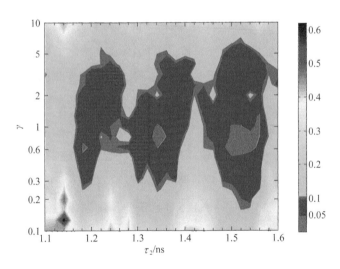

图 3-10　基于双光反馈 SL 的 RC 系统的 NMSE 在延时反馈时间 τ_2 和缩放因子 γ

构成的参数空间内的分布图，其中 $k_1 = k_2 = 7.765$ ns^{-1}，$N = 100$，$\theta = 10$ ps

如图 3-11 所示。图 3-11(a)、图 3-11(b)、图 3-11(c)分别是在 $\Phi_1 = \pi/4$，$\Phi_2 = \pi$；$\Phi_1 = \pi/4$，$\Phi_2 = \pi/3$；$\Phi_1 = 7\pi/4$，$\Phi_2 = \pi/3$ 时，NMSE 随相位偏移的变化。从图 3-11 中可以看到，NMSE 对 Φ_1 和 Φ_2 的取值很敏感，这是由于这个系统的动力学对 Φ_1 和 Φ_2 具有强依赖性。

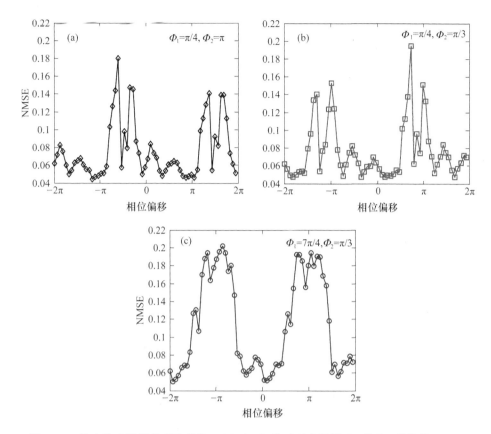

图 3-11　输入信息数据处理速率为 1 GSa/s 时,基于双光反馈 SL 的 RC 系统的 NMSE
随相位偏移变化的曲线

　　综上,本节对基于双光反馈 SL 的 RC 系统的预测性能进行了仿真研究。在该
RC 系统中,利用互耦合 SLs 产生的优质混沌信号做掩码,采用 Santa Fe 数据集对
系统的一步混沌时间序列预测性能进行了评估。仿真结果表明,与结构相似的基
于单光反馈 SL 的 RC 系统相比,基于双光反馈 SL 的 RC 系统具有更好的预测性
能。基于归一化均方误差(NMSE)在延迟时间 τ_2 和缩放因子 γ 构成的参数空间内
的取值,确定了系统实现良好预测性能的最优参数区域,并且以 1 GSa/s 的超快信
息处理速率,系统的最低 NMSE 仅为 2.93%。据我们所知,在类似的预测误差水
平下,这个系统的信息处理速率最快。

3.4 储备池虚拟节点状态及记忆能力分析

3.4.1 储备池虚拟节点的状态分析

下面以 $T=1$ ns、虚拟节点数量 $N=100$、虚拟节点间隔 $\theta=0.01$ ns,分别测试 SFSL-RC 和 DFSL-RC 系统对 Santa Fe 时间序列预测任务的预测性能。所用参数取值如下:对于 SFSL-RC 系统,$k_1=15.53$ ns^{-1},$k_2=0$ ns^{-1},$\tau_1=T+\theta$;对于 DFSL-RC 系统,$k_1=k_2=7.765$ ns^{-1},$\tau_1=T+\theta$,$\tau_2-\tau_1=0.335$ ns。仿真结果如图 3-12 所示,其中第一列为 SFSL-RC 的情况,第二列为 DFSL-RC 的情况。图 3-12(a)和图 3-12(b)分别为 Santa Fe 时间序列(蓝色)及储备池输出的结果(红色),对比二者容易发现 DFSL-RC 明显好于 SFSL-RC。由图 3-12(b)还可以很直观地看出,DFSL-RC 系统的储备池输出与 Santa Fe 时间序列基本吻合。图 3-12(c)和图 3-12(d)分别为预测值与预测目标值之间的误差。对于 DFSL-RC,即图 3-12(d),只在 Santa Fe 序列的振幅发生剧烈变化处有稍明显的误差,此时系统得到的 NMSE 约为 0.05;而对于 SFSL-RC,即图 3-12(c),误差一直在 ±0.2 上下波动,其 NMSE 为 0.18。图 3-12(e)和图 3-12(f)分别为两个 RC 系统在一个周期内的虚拟节点状态。在图 3-12(f)中,节点状态存在 4 个明显的波峰,而在图 3-12(e)中,中间两个波峰很相近,尤其第 30～70 个节点的状态几乎难以区分。

图 3-13 给出了 100 个数据周期内 SFSL-RC 和 DFSL-RC 的虚拟节点状态的时空演化图,图中的不同颜色表示虚拟节点状态的不同取值。图 3-13(a)和图 3-13(b)是在相同掩码、相同输入的情况下仿真得到,对比两个图可以发现,DFSL-RC 的虚拟节点状态明显比 SFSL-RC 的虚拟节点状态更丰富。这也是双光反馈 SL 的储备池性能更好的原因之一。

3.4.2 储备池的记忆能力分析

在递归神经网络中,因为内部递归环路的存在,系统具有渐褪的记忆能力。即系统当前状态不仅由当前输入数据决定,还受到之前系统状态的影响,但是随着时间的演化,这种影响会逐渐削弱,这种特性称为渐褪的记忆属性。正是因为这种特性,递归神经网络在处理时间序列等任务时,具有一定的优势。而在延时型 RC 系

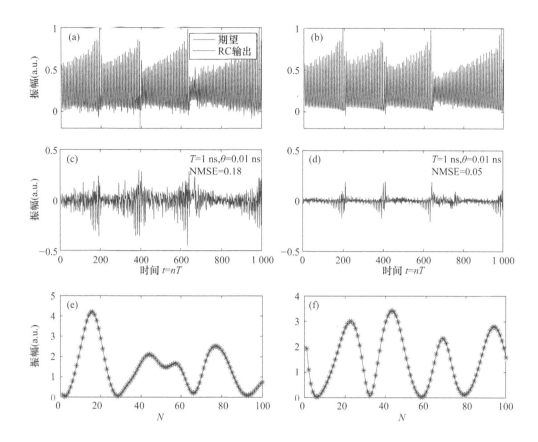

图 3-12　单光反馈（第一列）与双光反馈（第二列）的预测性能直观图（a,b）、误差（c,d）和
一个周期内的虚拟节点状态（e,f）。其中单光反馈 $k_1=15.53\ \text{ns}^{-1},\tau_1=T+\theta$；
双光反馈 $k_1=k_2=7.765\ \text{ns}^{-1},\tau_1=T+\theta,\tau_2-\tau_1=0.335\ \text{ns}$

统中，因为反馈环的存在，系统也具备一定的渐褪记忆能力。因此，评估一个系统
的记忆能力能间接地反映出系统处理某些依赖于记忆属性的任务的能力，如
NARMA10、NARMA20 等（在第 4 章中具体介绍）。

系统记忆能力的量化测试由 Jaeger 在 2002 年提出：系统每一步的记忆能力定
义为系统输出值 y_k^i 与预测目标值 $\hat{y}_k^i$ 的相关系数，由式（3.4.1）计算：

$$m_i=\text{corr}[y_k^i,\hat{y}_k^i]=\text{corr}[y_k^i,u(t-i)] \tag{3.4.1}$$

则系统总的记忆能力

$$\text{MC}=\sum_{i=1}^{\infty}m_i \tag{3.4.2}$$

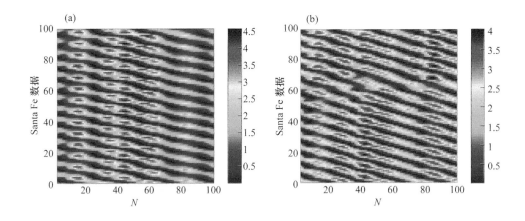

图 3-13　基于单光反馈 SL 的 RC(a)和基于双光反馈 SL 的 RC(b)的
虚拟节点状态的时空演化图。其中单光反馈 $k_1 = 15.53 \text{ ns}^{-1}$，$\tau_1 = T + \theta$；
双光反馈 $k_1 = k_2 = 7.765 \text{ ns}^{-1}$，$\tau_1 = T + \theta$，$\tau_2 - \tau_1 = 0.335 \text{ ns}$

在这个测试中，$u(t)$是一个区间$[-0.8, 0.8]$上均匀分布的随机序列，系统的目标 $\hat{y}_k^i$ 是回忆出之前 i 步的输入值，因此 $\hat{y}_k^i = u(t-i)$，其中 $i = \{1, \cdots, \infty\}$。

通过对 DFSL-RC 系统进行 Santa Fe 时间序列预测任务的测试，证明了在 SFSL-RC 系统的基础上，通过额外引入一个反馈环可以提高系统的预测性能。为了更清晰地对比单、双光反馈时储备池的性能，并分析产生二者间性能差异的原因，本节从储备池内部虚拟节点的状态及系统固有记忆能力两方面进行比较。下面先对 SFSL-RC 和 DFSL-RC 系统的记忆能力进行定量分析。通常，一个系统只能回忆出十几步至多几十步的输入值，这里，将式(3.4.2)中的步数 i 最大取为 50，即要测试系统从倒退 1 步至 50 步的输出能力。

测试记忆能力时，通过多次仿真发现，注入强度 k_{inj} 和反馈强度 k_1、k_2 对两个 RC 系统的记忆能力影响不大，而输入数据的周期却对两个 RC 系统的记忆能力有较明显的影响。因此，图 3-14 给出了 SFSL-RC 系统和 DFSL-RC 系统的 MC 随输入数据周期 T 变化的曲线。从图 3-14 中可以看出，DFSL-RC 系统的记忆能力普遍高于 SFSL-RC 系统的记忆能力，而且随着输入数据周期 T 的变化，两个 RC 系统的记忆能力并非单调增加，而是在波动。此外，尽管双光反馈 SL 储备池相对于单光反馈结构的记忆能力更高，但在数据处理周期 $T \leqslant 4 \text{ ns}$（即数据处理速率高于 250 MSa/s）时，系统的记忆能力低于 15。这对于处理需要较高记忆能力的更复杂任务（如 NARMA10、NARMA30 等）仍有所欠缺，而第 4 章提出的双非线性节点耦合结构的储备池可以弥补这个不足。

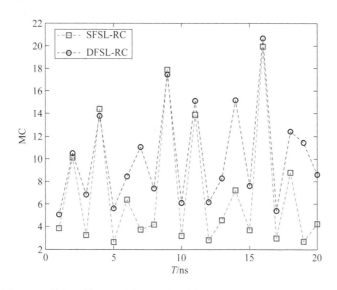

图 3-14　单光反馈 RC 系统和双光反馈 RC 系统的 MC 随输入数据
周期 T 变化的曲线。其中单光反馈 $k_1 = 15.53$ ns^{-1}，$\tau_1 = T + \theta$；
双光反馈 $k_1 = k_2 = 7.765$ ns^{-1}，$\tau_1 = T + \theta$，$\tau_2 - \tau_1 = 0.335$ ns

通过进一步对比两者的记忆能力，可以得出这两个储备池性能存在差异的原因。因此，为了进一步比较单光反馈储备池和双光反馈储备池的记忆能力，在图 3-14 中选取两个典型 T 值，即 $T = 14$ ns 和 $T = 11$ ns，分别对应于两个储备池的 MC 值差别较大和几乎相同的情况，并分别仿真两个储备池的记忆功能，仿真结果如图 3-15 所示。一种量化评价记忆能力的方法是，记忆能力值可以认为是曲线与横轴和纵轴所构成图形的面积，面积越大，系统的记忆能力越强。据此方法分析图 3-15。图 3-15(a)展现的是 $T = 14$ ns 的情况。显然在图 3-15(a)中，DFSL-RC 系统的 MC 曲线与横轴和纵轴所构成的图形面积较大，因此，可以得出在 $T = 14$ ns 时，DFSL-RC 系统较 SFSL-RC 系统有更强的记忆能力。但对于图 3-15(b)对应的 $T = 11$ ns 的情况，两个 RC 系统的 MC 曲线与横轴和纵轴所构成的图形面积近似相等，可以得出 $T = 11$ ns 时两种方案的记忆能力相差不大。但事实并非如此，很明显单光反馈时曲线下降的速度更快，两者的记忆能力存在一些差异。此时，可以用记忆质量描述记忆曲线接近于矩形的程度：

$$MQ = \frac{1}{MC}\sum_{i=1}^{MC} m_i \qquad (3.4.3)$$

这里对 MC 四舍五入进行取整后代入式(3.4.3)。按照这个公式,在图 3-15(b)中,SFSL-RC 系统和 DFSL-RC 系统的记忆质量分别为 0.75 和 0.83,因此,对于 $T=$ 11 ns 的情况,依然是 DFSL-RC 系统的记忆质量强于 SFSL-RC 系统的记忆质量。这里特别指出,记忆质量反映了一个系统对之前几步记忆能力的大小,这对于一些预测任务来说非常重要,因为有些任务并不需要很大的 MC,但是却需要保证之前一定步数的记忆力,这时就需要由 MQ 来判断。

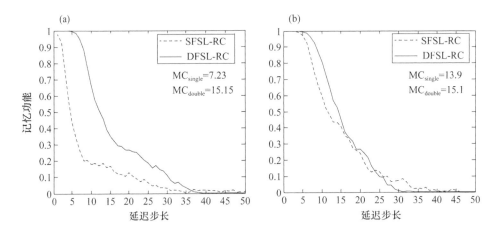

图 3-15　单光反馈 RC 系统(虚线)和双光反馈 RC 系统(实线)的
储备池记忆功能。其中:(a)$T=14$ ns,(b)$T=11$ ns

综上所述,DFSL-RC 系统的记忆能力强于 SFSL-RC 系统的记忆能力。

3.5　本 章 总 结

本章提出了基于双光反馈半导体激光器(SL)构建的延时型储备池计算(RC)系统,使用优质混沌信号做掩码,应用 Santa Fe 混沌时间序列预测任务对其预测性能进行了数值研究。在仿真分析中,首先,对双光反馈(两个反馈环的强度为 $k_1 = k_2 = 7.765$ ns^{-1})与单光反馈(反馈强度为 $k_1 = 15.53$ ns^{-1},$k_2 = 0$ ns^{-1})SL 的储备池预测性能进行了比较。当设置双光反馈 SL 较长反馈环的反馈延时 $\tau_2 = \tau_1 + T_{RO}/2$($\tau_1$ 为较短反馈环对应的反馈延时,T_{RO} 为响应 SL 的弛豫振荡周期)时,双光反馈 SL 的 RC 系统的归一化均方误差(NMSE)较单光反馈 SL 的小。且当虚拟节点个数较少($N=50$)时,双光反馈 SL 的 RC 系统的 NMSE 仍低于 10%。其次,在随后的测试中,将数据处理速率提高至 1 GSa/s,即设置输入数据的周期 T 为 1 ns,虚拟节点时间间隔 θ 为 10 ps,虚拟节点数为 100,依据仿真得到的 NMSE 在反馈延时 τ_2 和缩放因子 γ 构成的参数空间内的取值,确定了双光反馈 SL 的 RC 系统实现良好预测性能的最优参数区域,并且在 $\tau_2=1.53$ ns(接近 $\tau_2=\tau_1+T_{RO}/2$),$\gamma=0.63$ 时,得到该系统的最小 NMSE 仅为 2.93%。在具有相同预测误差水平的 RC 中,这个系统的信息处理速率最快。

上述结果表明,双光反馈 SL 的 RC 系统较单光反馈 SL 的 RC 系统在数据处理速率及预测精度方面都更有优势。紧接着,通过进一步对比单、双光反馈 SL 储备池的虚拟节点状态以及系统的渐褪记忆能力,揭示了双光反馈 SL 的 RC 系统预测性能较单光反馈 SL 的 RC 系统预测性能更好的原因。也就是说,双光反馈 SL 储备池虚拟节点的状态更加丰富,系统的记忆能力在不同的数据周期下普遍较单光反馈 SL 储备池的高,且系统的记忆质量更好。

本章参考文献

[1] Jaeger H. The 'echo state' approach to analyzing and training recurrent neural networks-with an Erratum note. Technical Report GMD Report 148. German National Research Center for Information Technology, 2001.

[2] Maass W, Natschläger T, Markram H. Real-time computing without stable States: a new framework for neural computation based on perturbations. Neural Comput. , 2002, 14(11): 2531-2560.

[3] Appeltant L, Soriano M C, Sande G V d, et al. Information processing using a single dynamical node as complex system. Nat. Commun. , 2011, 2: 468.

[4] Ortín S, Pesquera L. Reservoir computing with an ensemble of time-delay reservoirs. Cogn. Comput. , 2017, 9(3): 327-336.

[5] Larger L, Soriano M C, Brunner D, et al. Photonic information processing beyond Turing: an optoelectronic implementation of reservoir computing.

Opt. Express, 2012, 20(3): 3241-3249.

[6] Paquot Y, Duport F, Smerieri A, et al. Optoelectronic reservoir computing. Sci. Rep. , 2012, 2: 287.

[7] Vandoorne K, Dambre J, Verstraeten D, et al. Parallel reservoir computing using optical amplifers. IEEE Trans. Neural Netw. , 2011, 22(9): 1469-1481.

[8] Dejonckheere A, Duport F, Smerieri A, et al. All-optical reservoir computer based on saturation of absorption. Opt. Express, 2014, 22(9): 10868-10881.

[9] Brunner D, Soriano M C, Mirasso C R, et al. Parallel photonic information processing at gigabyte per second data rates using transient states. Nat. Commun. , 2013, 4: 1364.

[10] Nakayama J, Kanno K, Uchida A. Laser dynamical reservoir computing with consistency: an approach of a chaos mask signal. Opt. Express, 2016, 24(8): 8679-8692.

[11] Vatin J, Rontani D, Sciamanna M. Enhanced performance of a reservoir computer using polarization dynamics in VCSELs. Opt. Lett. , 2018, 43 (18): 4497-4500.

[12] Appeltant L. Reservoir computing based on delay-dynamical systems. [2020-12-05]. http://www. tdx. cat/handle/10803/84144.

[13] Hou Y S, Xia G Q, Yang W Y, et al. Prediction performance of reservoir computing system based on a semiconductor laser subject to double optical feedback and optical injection. Opt. Express, 2018, 26(8): 10211-10219.

[14] Hou Y S, Yi L L, Xia G Q, et al. Exploring high quality chaotic signal generation in mutually delay coupled semiconductor lasers system. IEEE Photon. J. , 2017, 9(5): 1505110.

[15] Yue D Z, Wu Z M, Hou Y S, et al. Performance optimization research of reservoir computing system based on an optical feedback semiconductor laser under electrical information injection. Opt. Express, 2019, 27(14): 19931-19939.

[16] Yue D Z, Wu Z M, Hou Y S, et al. Effects of some operation parameters on the performance of a reservoir computing system based on a delay

feedback semiconductor laser with information injection by current modulation. IEEE Access, 2019, 7: 128767-128773.

[17] Xia G Q, Hou Y S, Wu Z M. Prediction performance of reservoir computing using a semiconductor laser with double optical feedback. Pacific Rim Conference on Lasers and Electro-Optics (CLEO-Pacific Rim) 2018, OSA Technical Digest (Optical Society of America, 2018), paper W1D. 3, 2018.

[18] Weigend A S, Gershenfeld N A. Time series prediction: forecasting the future and understanding the past. [2020-12-05]. http://www-psych. stanford. edu/~andreas/Time-Series/Santa Fe. html.

[19] Hübner U, Abraham N B, Weiss C O. Dimensions and entropies of chaotic intensity pulsations in a single-mode far-infrared NH3 laser. Phys. Rev. A, 1989, 40(11): 6354-6365.

[20] Nguimdo R M, Verschaffelt G, Danckaert J, et al. Fast photonic information processing using semiconductor lasers with delayed optical feedback: role of phase dynamics. Opt. Express, 2014, 22 (7): 8672-8686.

[21] Wu J G, Xia G Q, Wu Z M. Suppression of time delay signatures of chaotic output in a semiconductor laser with double optical feedback. Opt. Express, 2009, 17(22): 20124-20133.

[22] Jaeger H. Short term memory in echo state networks. Technical Report GMD Report. German National Research Center for Information Technology, 2002.

[23] Escalona-Morán M A. Computational properties of delay-coupled systems. Illes Balears: Universitat de les Illes Balears, 2015: 103-114.

[24] Ohtsubo J. Semiconductor lasers stability, instability and chaos. Springer, 2013.

[25] Sacher J, Baums D, Panknin P, et al. Intensity instabilities of semiconductor lasers under current modulation external light injection and delayed feedback. Phys. Rev. A, 1992, 45(3): 1983-1905.

[26] Duport F, Schneider B, Smerieri A, et al. All-optical reservoir computing. Opt. Express, 2012, 20(20): 22783-22795.

[27] Tezuka M, Kanno K, Bunsen M. Reservoir computing with a slowly modulated mask signal for preprocessing using a mutually coupled optoelectronic system. Jpn. J. Appl. Phys. , 2016, 55(8): 08RE06.

[28] Udaltsov V S, Larger L, Goedgebuer J, et al. Bandpass chaotic dynamics of electronic oscillator operating with delayed nonlinear feedback. IEEE Trans. Circuits Syst. I Fundam. Theory Appl. , 2002, 49(7): 1006-1009.

[29] Soriano M, García-Ojalvo J, Mirasso C, et al. Complex photonics: dynamics and applications of delay-coupled semiconductors lasers. Rev. Mod. Phys. , 2013, 85(1): 421.

[30] Bueno J, Brunner D, Soriano M C, et al. Conditions for reservoir computing performance using semiconductor lasers with delayed optical feedback. Opt. Express, 2017, 25(3): 2401-2412.

[31] Zhang H, Feng X, Li B X, et al. Integrated photonic reservoir computing based on hierarchical time-multiplexing structure. Opt. Express, 2014, 22 (25): 31356-31370.

[32] Haynes N D, Soriano M C, Rosin D P, et al. Reservoir computing with a single time-delay autonomous Boolean node. Phys. Rev. E, 2015, 91(2): 020801.

第4章 基于互耦合半导体激光器的储备池计算

4.1 引 言

第3章研究了基于双光反馈 SL 构成的储备池,这种基于单个非线性节点的延时型储备池以时分复用的方式节省了大量的非线性节点,但其数据处理速率受限于反馈环的延迟时间,而提高其数据处理速率的方法一般是缩小输入数据的周期,或减少虚拟节点的数量以降低反馈时间。但这种做法无疑是以牺牲一部分 RC 性能为代价。

2016 年,M. Tezuka 等人提出了互耦合光电 RC 方案。这种方案的优点是采用互耦合光电系统构建储备池。虽然互耦合光电 RC 系统较光电反馈 RC 系统增加了一倍的物理器件数量,但是互耦合光电系统具有更强的非线性,可以产生更加丰富的虚拟节点状态。因此,在采用慢变掩模信号的情况下,通过 Santa Fe 混沌时间序列预测任务对系统性能进行仿真测试时,以 100 kSa/s 的速率输入数据流,归一化均方误差(NMSE)可以低至 0.028,这一结果优于相同参数条件下光电反馈 RC 系统模拟得到的 NMSE 值 0.034。但是,在光电型储备池中,信号经历了光电转换过程,这个过程中不仅造成了噪声的增加,还因为电路带宽的影响限制了光信号传播快的优势,降低了能量利用率。而全光型储备池则避免了这些弊端。

相对于一般的外腔反馈 SL 系统,互耦合 SLs 系统具有一些独特的非线性动态特性。首先,在互耦合 SLs 系统中,另一个耦合 SL 相当于非线性反射镜,从而构成非线性光反馈,这不同于一般的外腔反馈 SL 系统中所提供的线性光反馈。其次,互耦合 SLs 系统较一般的外腔反馈 SL 系统具有更高的自由度,易于实现 RC 所需的较高维映射。最后,互耦合 SLs 系统因具有两个 SLs 而能够同时产生两组虚拟节点的状态,提高了系统处理数据的速度。因此,利用互耦合 SLs 作为储备池,较利用一般的外腔反馈 SL 作为储备池,具有更易于实现高性能 RC 的潜能。

基于此,本章提出互耦合 SLs 构成储备池的 RC 系统,仍然采用 2.5 节 MDC-SLs 系统输出的模拟混沌信号做掩码,针对 Santa Fe 混沌时间序列预测任务和波形识别任务,分别对系统的预测性能及分类性能进行仿真研究。分析系统中一些典型参量的变化对系统的预测性能及分类性能的影响,并对这种由两个非线性节点构成的互耦合 SLs 储备池和去耦合 SLs 储备池进行性能比较。

4.2 基于互耦合半导体激光器的储备池计算系统

4.2.1 系统结构

图 4-1 为基于两个互耦合 SLs 的 RC 系统示意图。在这个系统中,两个相同的互耦合响应 SLs(MCR-SL1 和 MCR-SL2)用作储备池,利用 2.5 节所提到的 MDC-SLs 系统产生的两路混沌信号,分别作为 MCR-SL1 和 MCR-SL2 的输入掩码。这个 RC 系统也由输入层、储备池和输出层三个部分组成。在输入层,一个连续输入信号 $u(t)$ 被离散采样为 $u(n)$,同时将每个采样点保持 T 时间,于是得到以 T 为周期的分段常数函数,将该函数和周期为 T 的掩码信号 $M_1(t)$ 或 $M_2(t)$ 相乘后再进行适当缩放,得到被掩码的输入信号 $S_1(t)$ 或 $S_2(t)$,它们分别经由调制器 1 和调制器 2 调制到源自驱动 SL(D-SL)发出的激光上,而后注入储备池。在储备池中,每个 MCR-SL 在时间间隔 θ 内的输出值被看作虚拟网络中的一个节点状态,这样两个 MCR-SLs 在连续时间间隔 θ 内的输出值分别对应一系列虚拟节点状态。如图 4-1 所示,从 MCR-SL1 到 MCR-SL2 的耦合延迟线包括一些虚拟节点(绿色),而从 MCR-SL2 到 MCR-SL1 的耦合延迟线包括不同的虚拟节点(橙色)。由于在输入层中选择不同的掩码信号 $M_1(t)$ 和 $M_2(t)$,两条延迟线中的虚拟节点状态不会相同〔即 $x_{1j}(n)\neq x_{2j}(n)$〕。在输出层,对收集的两条延迟线的所有虚拟节点状态进行线性加权求和,从而得到储备池的输出值。

本章仍然采用线性最小二乘法最小化目标函数和 RC 输出之间的均方误差,来优化读出权重。我们的 RC 系统涉及 τ_1、τ_2、T 这 3 个时间尺度,τ_1 是光经过 MCR-SL1 到 MCR-SL2 的延迟线所用的延迟时间,τ_2 是光经过 MCR-SL2 到

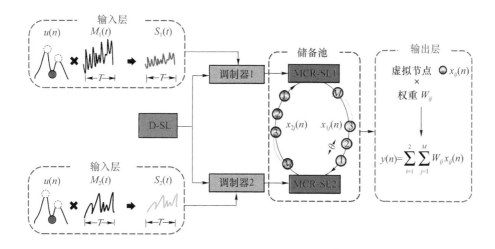

图 4-1 两个互耦合响应 SLs(MCR-SLs)作为储备池的 RC 系统示意图

MCR-SL1 的延迟线所用的延迟时间，T 为每个离散采样点的保持时间，也是掩码信号和输入数据的周期。本章中如无特别指明，$\tau_1 = \tau_2 = \tau$。对于给定的 T 值，当设定了虚拟节点时间间隔 θ 后，每条延迟线包含的虚拟节点数目 $m = T/\theta$ 被确定，因此，储备池中虚拟节点的总数 $N = 2m$ 被确定。本章中仍然采用去同步方法，即 $\tau = T + \theta$。

值得一提的是，选择不相同的掩码信号 $M_1(t)$ 和 $M_2(t)$ 可以使反馈环中虚拟节点的状态更加丰富，更充分地利用系统高维非线性变换的维度。此外，该系统处理一个输入采样点所需的时间仅为具有直接光反馈的 RC 系统的一半，因此，可以实现更高的输入信息处理速率。

4.2.2 系统模型

基于 4.2.1 节的叙述，结合 2.2.3 节及 2.2.4 节的理论模型，这个储备池中两个 MCR-SLs 在光注入下的速率方程可以表示为

$$\frac{\mathrm{d}E_1(t)}{\mathrm{d}t} = \frac{1}{2}(1+\mathrm{i}\alpha)\left[\frac{g(N_1(t)-N_0)}{1+\varepsilon\,|E_1(t)|^2} - \frac{1}{\tau_\mathrm{p}}\right]E_1(t) + k_\mathrm{c}E_2(t-\tau)\exp(-\mathrm{i}2\pi\nu\tau) +$$

$$k_\mathrm{inj}E_\mathrm{inj1}(t)\exp(\mathrm{i}2\pi\Delta\nu t) + \sqrt{2\beta_\mathrm{sp}N_1(t)}\,\xi_1 \tag{4.2.1}$$

$$\frac{\mathrm{d}E_2(t)}{\mathrm{d}t} = \frac{1}{2}(1+\mathrm{i}\alpha)\left[\frac{g(N_2(t)-N_0)}{1+\varepsilon\,|E_2(t)|^2} - \frac{1}{\tau_\mathrm{p}}\right]E_2(t) + k_\mathrm{c}E_1(t-\tau)\exp(-\mathrm{i}2\pi\nu\tau) +$$

$$k_\mathrm{inj}E_\mathrm{inj2}(t)\exp(\mathrm{i}2\pi\Delta\nu t) + \sqrt{2\beta_\mathrm{sp}N_2(t)}\,\xi_2 \tag{4.2.2}$$

$$\frac{\mathrm{d}N_{1,2}(t)}{\mathrm{d}t} = J - \frac{N_{1,2}(t)}{\tau_{\mathrm{s}}} - \frac{g(N_{1,2}(t) - N_0)}{1 + \varepsilon |E_{1,2}(t)|^2} |E_{1,2}(t)|^2 \qquad (4.2.3)$$

在上述方程组中,下标 1 和 2 分别代表 MCR-SL1 和 MCR-SL2,E 是慢变电场的复振幅,N 是平均载流子数密度。α 为线宽增强因子,g 为微分增益,N_0 为透明载流子数密度,ε 为增益饱和系数。k_c 表示耦合强度,k_{inj} 表示 D-SL 注入每个 MCR-SL 的注入强度。ν 是 MCR-SLs 在自由运行时的激光频率,$\Delta\nu$ 表示 D-SL 与每个 MCR-SL 之间的频率失谐。τ_p 为光子寿命,τ_s 为载流子寿命,J 为每个 MCR-SL 的注入电流。β_{sp} 是自发辐射速率,ξ_1 和 ξ_2 都是高斯白噪声,其均值为 0,方差为 1。MCR-SL1 和 MCR-SL2 的注入光慢变复电场 $E_{\mathrm{inj}1,2}$ 描述为

$$E_{\mathrm{inj}1,2}(t) = \sqrt{I_{\mathrm{d}}} \exp(\mathrm{i}\pi S_{1,2}(t)) \qquad (4.2.4)$$

其中,I_{d} 为 D-SL 输出连续光波的光强。被掩码信号 $S_1(t)$ 和 $S_2(t)$ 由 4.2.1 节的系统描述可以表示为

$$S_{1,2}(t) = M_{1,2}(t) \times u(n) \times \gamma \qquad (4.2.5)$$

其中,$u(n)$ 是对时间连续输入信号进行的离散采样,$M_{1,2}(t)$ 分别是周期为 T 的掩码信号,γ 是缩放因子。

4.2.3　测试任务及评价指标

选用 Santa Fe 混沌时间序列预测任务来量化评价这个 RC 系统的预测性能。在 Santa Fe 数据集中,选用它的前 4 000 个点,并用其中前 3 000 个点做训练集,后 1 000 个点做测试集。

对于这个 RC 系统的分类性能研究,选用波形识别任务。这个任务常被用于检验神经网络系统和空间型 RC 系统对输入信号进行识别并正确分类的能力。简单来说,这个任务主要是对两种不同波形进行识别,分别利用高电平和低电平,或数值 1 和数值 0 来区分这两种波形。本章以方波和正弦波的识别为例,设定方波识别为数值 1,正弦波识别为数值 0。方波和正弦波在采样时都是每个周期采 12 个点,采样后所得数据经过随机组合分别构成两个数据序列,其中一个序列由 250 个波形共 3 000 个点组成,作为 RC 的训练集,另一个序列由 834 个波形共 10 008 个点组成,作为 RC 的测试集。

通过计算目标函数 $\bar{y}$ 与储备池输出 y 之间的归一化均方误差(NMSE)来评价系统的预测或分类性能:

$$\text{NMSE} = \frac{\langle \parallel y(n) - \overline{y}(n) \parallel^2 \rangle}{\langle \parallel \overline{y}(n) - \langle y(n) \rangle \parallel^2 \rangle} \qquad (4.2.6)$$

其中,n 是输入数据的离散时间点指标,$\parallel \cdot \parallel$ 和 $< \cdot >$ 分别代表范数和平均。本章后面的讨论中所有图形的 NMSE 如无特别说明,都是 5 次计算的平均值,其中每次计算时所用掩码都源自 2.5 节中 MDC-SLs 系统产生的不同优质混沌信号。

4.3 系统预测性能和分类性能分析

利用四阶 Runge-Kutta 算法对速率方程组(4.2.1)~(4.2.3)进行数值求解,各参数取值如下:$\alpha = 3.0$,$g = 8.4 \times 10^{-13}$ m^3 s^{-1},$N_0 = 1.4 \times 10^{24}$ m^{-3},$\varepsilon = 2.0 \times 10^{-23}$,$\tau_p = 1.927$ ps,$\tau_s = 2.04$ ns,$k_{inj} = 12.43$ ns^{-1},$\nu = 1.96 \times 10^{14}$ Hz,$\Delta \nu = -4.0$ GHz,$J = 1.037 \times 10^{33}$ m^{-3} s^{-1},$I_d = 6.56 \times 10^{20}$,$\beta_{sp} = 10^{-6}$。本节的数值模拟中如无特殊指明,$\gamma = 1$,$m = 100$,$\theta = 10$ ps。

为了提高系统性能,使用的混沌掩码频谱峰值需接近响应激光器的弛豫振荡频率。由上面的参数取值,可以计算出两个互耦合 R-SLs 在光注入下的弛豫振荡频率为 4.81 GHz,于是利用 2.5 节的 MDC-SLs 系统模拟输出的峰频约为 4.7 GHz 的混沌信号作为掩码,并对这个混沌掩码信号进行幅度缩放,使其均值为 0,标准差为 1。

首先对互耦合 SLs 的 RC 系统的预测性能进行研究,为了与第 3 章的单光反馈 SL 的 RC 系统和双光反馈 SL 的 RC 系统的预测性能进行直观比较,针对 Santa Fe 混沌时间序列预测任务,图 4-2 分别给出了三个 RC 系统在给定的相应参数条件下其量化的预测性能 NMSE 随虚拟节点间隔 θ 变化的曲线。对于单、双光反馈 SL 的 RC 系统,掩码周期 $T = 40$ ns,而互耦合 SLs 的 RC 系统的掩码周期 $T = 20$ ns。因此互耦合 SLs 的 RC 系统具有 50 MSa/s 的输入数据处理速率,较单、双光反馈 SL 的 RC 系统的输入数据处理速率 25 MSa/s 快了一倍。图 4-2 直观地展示了互耦合 SLs 的 RC 系统较单、双光反馈 SL 的 RC 系统具有更好的预测性能。同时,互耦合 SLs 的 RC 系统的 NMSE 始终在 0.008 附近波动,普遍比单、双光反馈 SL 的 RC 系统的 NMSE 低。

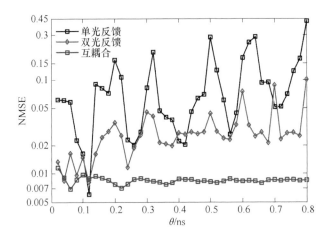

图 4-2　互耦合 SLs 的 RC 系统、双光反馈 SL 的 RC 系统和单光反馈 SL 的 RC 系统处理 Santa Fe 混沌时间序列预测任务的 NMSE 分别随虚拟节点间隔 θ 变化的曲线。黑色曲线对应单光反馈 RC 且 $k_1 = 15.53 \text{ ns}^{-1}, \tau_1 = T + \theta$；红色曲线对应双光反馈 RC 且 $k_1 = k_2 = 7.765 \text{ ns}^{-1}, \tau_1 = T + \theta, \tau_2 - \tau_1 = 0.335 \text{ ns}$；蓝色曲线对应互耦合 RC 且 $T(=m\theta) = 20 \text{ ns}, k_c = 15.53 \text{ ns}^{-1}, \tau = T + \theta$

　　下面详细分析互耦合 SLs 的 RC 系统中的重要参数取值，进一步优化参数区间，使系统的预测性能和分类性能更佳。已有报道证实，在基于延时的 RC 系统中，较好的预测及分类性能通常是在无数据注入时系统处于稳态。因此，图 4-3 给出了互耦合 SLs 的 RC 系统的储备池中两个 MCR-SLs 受到 D-SL 的 CW 注入而无输入数据被加载〔即 $S_1(t) = S_2(t) = 0$〕时，MCR-SL1 和 MCR-SL2 输出光强的局部极值随耦合强度 k_c 变化的分岔图。从图 4-3(a) 和图 4-3(b) 中可以看出，当耦合强度 $0 \text{ ns}^{-1} \leqslant k_c \leqslant 10.86 \text{ ns}^{-1}$ 时，这两个激光器都保持稳态输出；当耦合强度 $10.86 \text{ ns}^{-1} < k_c \leqslant 30 \text{ ns}^{-1}$ 时，两个分岔图中分别出现了两个不同的极值点，说明 MCR-SL1 和 MCR-SL2 都工作在单周期态，而两个极值点分别为相应单周期振荡光强时间序列中的极大值和极小值。此外，对于相同的耦合强度 k_c，两个 MCR-SLs 表现出相同的动力学状态。究其原因，可以对其速率方程(4.2.1)和(4.2.2)进行分析得出，即当 $S_1(t) = S_2(t) = 0$ 时，方程(4.2.1)和(4.2.2)满足镜像对称性。基于上述分析，在下面的讨论中将设定耦合强度 $0 \text{ ns}^{-1} \leqslant k_c \leqslant 10.86 \text{ ns}^{-1}$。

　　图 4-4(a) 和图 4-4(b) 分别给出了由互耦合 SLs 的 RC 系统计算出的 Santa Fe 混沌时间序列预测任务和波形识别任务的 NMSE 随耦合强度 k_c 变化的曲线。正如图 4-4(a) 所示，系统的预测性能随着耦合强度 k_c 的增大而逐渐变差，同时

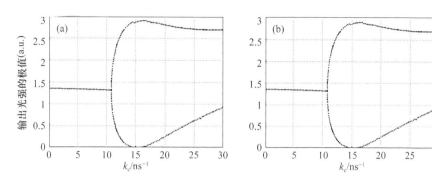

图 4-3　储备池中两个 MCR-SLs 受到 D-SL 的 CW 注入而无输入数据被加载时，
MCR-SL1(a) 和 MCR-SL2(b) 输出光强的极值随耦合强度 k_c 变化的分岔图

NMSE 的偏差先减小到最小后又逐渐增大，最小偏差出现在 $k_c = 2\ \mathrm{ns^{-1}}$ 处。在 $0\ \mathrm{ns^{-1}} \leqslant k_c \leqslant 10.86\ \mathrm{ns^{-1}}$ 范围内，所有的 NMSE 都介于 $5 \times 10^{-5} \sim 5 \times 10^{-4}$，远低于 0.1（通常，当 NMSE $\leqslant 0.1$ 即认为系统具有好的预测性能）。波形识别任务的 NMSE 如图 4-4(b) 所示，随着耦合强度 k_c 的增加，伴随着小的波动 NMSE 呈现出 先减小后增加的趋势。最小的 NMSE $= 5.5 \times 10^{-4} \pm 8.9 \times 10^{-5}$，出现在 $k_c = 5\ \mathrm{ns^{-1}}$ 处，此时偏差同样达到最小。因此，在下面的讨论中对时间序列预测任务和波形识别 任务分别设定 $k_c = 2\ \mathrm{ns^{-1}}$ 和 $k_c = 5\ \mathrm{ns^{-1}}$。

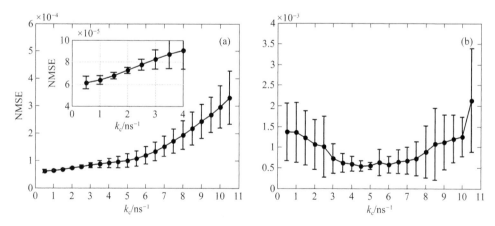

图 4-4　互耦合 SLs 的 RC 系统的 NMSE 随耦合强度 k_c 变化的曲线。
其中：(a)Santa Fe 混沌时间序列预测任务，(b)波形识别任务

除了耦合强度 k_c，掩码信号的缩放因子 γ 也是影响 RC 系统性能的重要参数。

为此,图 4-5(a) 和图 4-5(b) 分别给出了互耦合 SLs 的 RC 系统处理 Santa Fe 混沌时间序列预测任务和波形识别任务的 NMSE 随缩放因子 γ 变化的曲线。从图 4-5(a) 中可以看出,随着 γ 的增大,NMSE 先减小后增大,当 γ 在闭区间 $[0.1, 6.3]$ 上取值时,NMSE$\leqslant 0.01$,且在 $\gamma=0.5$ 处得到最小值 $5.1 \times 10^{-5} \pm 5.2 \times 10^{-6}$。类似地,如图 4-5(b) 所示,随着 γ 的增大,波形识别任务的 NMSE 也呈现先减小后增大的趋势,且在 $\gamma=1$ 处得到最小值 $5.5 \times 10^{-4} \pm 8.8 \times 10^{-5}$。

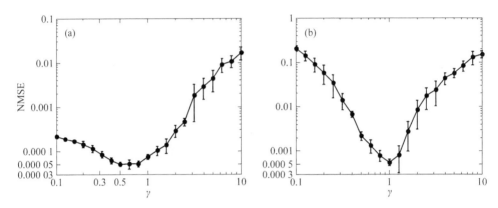

图 4-5　互耦合 SLs 的 RC 系统的 NMSE 随缩放因子 γ 变化的曲线。其中:(a)混沌时间序列预测任务,$k_c = 2 \text{ ns}^{-1}$;(b)波形识别任务,$k_c = 5 \text{ ns}^{-1}$

考虑在实际应用中难以满足 $\tau_1 = \tau_2$,有必要对 $\tau_1 \neq \tau_2$ 的情形进行分析。为此,固定 $\tau_1 = 1.01 \text{ ns}$,结合本节采用的是去同步方法,在区间 $[\tau_1, \tau_1 + \theta)$ 内改变 τ_2 的取值,使得 $\tau_2 - \tau_1$ 在区间 $[0, \theta)$ 内变化。于是,我们做出互耦合 SLs 的 RC 系统的 NMSE 随耦合延时 τ_2 变化的曲线,如图 4-6 所示,图 4-6(a) 针对混沌时间序列预测任务,图 4-6(b) 针对波形识别任务。由图 4-6 可以看出,预测误差和分类误差都随着耦合延时 τ_2 的增大而波动,但波动范围并不大。因此,只要 τ_1 和 τ_2 的差值不超过虚拟节点间隔 θ,那么这个 RC 系统对 Santa Fe 混沌时间序列预测任务和波形识别任务的性能就可以达到与 $\tau_2 = \tau_1$ 时获得的性能相同的水平。

利用上面优化得到的 RC 系统的最优控制参数,图 4-7 给出了这个 RC 系统在这些最优参数条件下执行 Santa Fe 混沌时间序列预测任务和波形识别任务的结果。在 1 GSa/s 的超快输入数据处理速率下,这个 RC 系统具有良好的预测性能和分类性能,能很好地实现对预测任务和分类任务的处理。

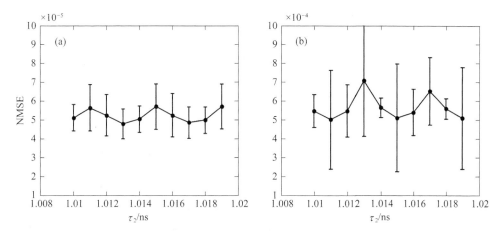

图 4-6　互耦合 SLs 的 RC 系统的 NMSE 随耦合延时 τ_2 变化的曲线。其中：(a)Santa Fe 混沌时间序列预测任务, $k_c=2\ \mathrm{ns}^{-1}$, $\gamma=0.5$；(b)波形识别任务, $k_c=5\ \mathrm{ns}^{-1}$, $\gamma=1$

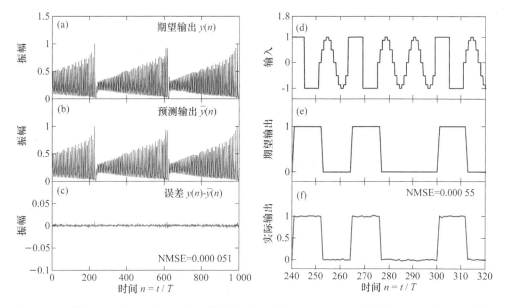

图 4-7　互耦合 SLs 的 RC 系统在输入数据处理速率为 1 GSa/s 时的预测性能和分类性能示例，其中(a)～(c)是 Santa Fe 混沌时间序列预测任务,(d)～(f)是波形识别任务。(a) Santa Fe 混沌时间序列数据样本,(b) RC 系统的预测输出,(c) RC 系统的期望输出和预测输出之间的误差,(d) 由方波和正弦波随机组合成的输入数据集合,(e) RC 的期望输出,其中期望输出方波设置为 1,期望输出正弦波设置为 0,(f) RC 系统的输出

4.4 互耦合 SLs 储备池与去耦合 SLs 储备池的性能比较

由上面的分析可以看出，互耦合 SLs 储备池的预测性能和分类性能都有所提高，为了分析这个储备池性能提高是由于耦合作用还是由于非线性节点的增加（针对图 4-2 所示的情况及参数而言），下面根据基于两个 SLs 构成的储备池存在两种结构，即互耦合 SLs 储备池和去耦合 SLs 储备池（如图 4-8 所示），对其性能进行比较。去耦合 SLs 储备池的理论模型综合了两个单光反馈 SL 的理论模型，可以参考式（3.2.1）和式（3.2.2），这里不再给出，输入信号及参数如无特殊说明，则与前面互耦合 SLs 储备池所用参数相同。在两者的对比中以 NARMA10 预测任务为例，因此，下面首先介绍 NARMA 任务。

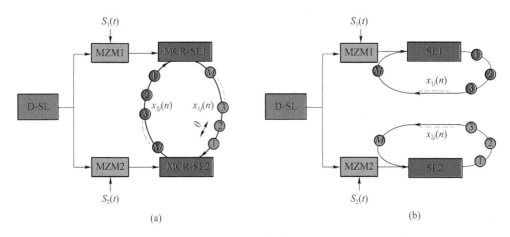

图 4-8 互耦合 SLs 储备池（a）与去耦合 SLs 储备池（b）系统示意图

NARMA 是非线性自回归移动平均（Non-linear Auto-Regressive Moving Average）的英文缩写。这个系统是一个离散的时间系统，在文献中被提出，之后作为一个基准任务被广泛地应用于机器学习领域的性能测试，这个任务对记忆能力有严格的要求。在这个系统中，系统当前的状态不仅依赖于当前的输入，还依赖于系统之前的状态。NARMA 有 10 阶、20 阶和 30 阶三种不同形式，即 NARMA10、NARMA20 和 NARMA30，这三种系统分别表示如下：

$$y(t+1) = 0.3y(t) + 0.05y(t)\sum_{i=0}^{9}y(t-i) + 1.5u(t-9)u(t) + 0.1$$

$$(4.4.1)$$

$$y(t+1) = \tanh\left(0.3y(t) + 0.05y(t)\sum_{i=0}^{19}y(t-i) + 1.5u(t-19)u(t) + 0.01\right)$$

$$(4.4.2)$$

$$y(t+1) = 0.2y(t) + 0.04y(t)\sum_{i=0}^{29}y(t-i) + 1.5u(t-29)u(t) + 0.001$$

$$(4.4.3)$$

其中,$y(t)$是系统在时刻 t 输出的状态,$u(t)$是时刻 t 的输入值,$u(t)$为区间$[0,0.5]$内均匀分布的随机序列。

NARMA10 任务的目的是根据当前输入值 $u(t)$ 预测出系统的状态 $y(t+1)$。从式(4.4.1)中可以看出,NARMA10 系统的状态 $y(t+1)$ 与系统之前 10 步的状态及输入值都有关,且具有非线性关系,因此 NARMA10 时间序列预测任务需要系统具有较强的非线性和记忆能力,因此其被认为是机器学习领域内较困难的任务。图 4-9 给出了 NARMA10 的部分时间序列,由于生成的序列前 10 步输出值属于暂态,因此在测试时要去除暂态。借助这个任务测试 RC 系统的预测性能时,仍选用式(4.2.6)的 NMSE 量化系统的预测性能。

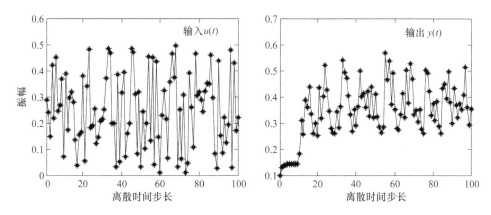

图 4-9 NARMA10 输入值及系统输出值

在这个任务的测试中,经过多次仿真发现基于互耦合 SLs 的 RC 系统与基于去耦合 SLs 的 RC 系统都在 $T=2\,\mathrm{ns}$,$k_c=10\,\mathrm{ns}^{-1}$ 时,对 NARMA10 任务的预测效果最好,而且掩码缩放因子 γ 对预测误差影响较大,图 4-10 分别给出了基于互耦合 SLs 的 RC 系统和基于去耦合 SLs 的 RC 系统处理 NARMA10 任务的 NMSE 随 γ 变化的曲线。图 4-10 中的数据为运行 10 次的平均结果,每次两个 RC 系统分别采用 2.5 节的 MDC-SLs 系统同时产生的两路优质混沌信号做掩码。从图 4-10 中可以看出,两个 RC 系统都在 $\gamma=0.1$ 附近表现出较好的预测性能,但二者取得最低预测误差处对应的 γ 值不同,基于互耦合 SLs 的 RC 系统的最好预测结果出现在 $\gamma=0.15$ 时,NMSE$=0.077\pm0.002$,这个结果优于目前已经报道的结果,而基于去耦合 SLs 的 RC 系统的最好预测结果 NMSE$=0.19\pm0.003$ 出现在 $\gamma=0.03$ 时。

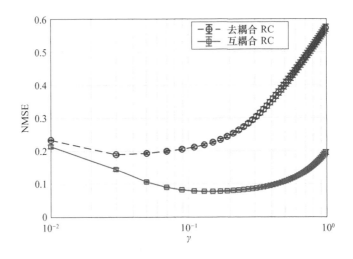

图 4-10 基于互耦合 SLs 的 RC 系统(红色曲线)和基于去耦合 SLs 的 RC 系统(蓝色曲线)处理 NARMA10 任务的预测误差 NMSE 分别随缩放因子 γ 变化的曲线。其中 $T=2\,\text{ns}, k_c=10\,\text{ns}^{-1}$

根据图 4-10 所示的结果,下面分别选取基于互耦合 SLs 的 RC 系统和基于去耦合 SLs 的 RC 系统取得最佳性能的 γ 值,即 $\gamma=0.15$ 和 $\gamma=0.03$,其余参数取值不变,分析两个 RC 系统的预测误差及其储备池中虚拟节点状态的区别。图 4-11 分别给出了基于互耦合 SLs 的 RC(第一列)与基于去耦合 SLs 的 RC(第二列)的期望 $y(t)$ 的时域波形与 RC 系统的预测输出、RC 系统的期望 $y(t)$ 和预测输出之间的误差以及一个掩码周期 T 内储备池中虚拟节点的状态。此时,基于互耦合 SLs 的 RC 结果为 NMSE$=0.079$,基于去耦合 SLs 的 RC 结果是 NMSE$=0.20$。从图 4-11 中可以看出,基于互耦合 SLs 的 RC 的预测轨迹与期望 $y(t)$ 基本吻合〔见图 4-11(a)〕,两者之间的误差基本在 ±0.05 范围内波动〔见图 4-11(c)〕,而基于去耦合 SLs 的 RC 的预测轨迹与期望 $y(t)$ 之间偏差较大〔见图 4-11(b)〕,两者之间的误差在±0.1之间波动〔见图4-11(d)〕。图4-11(e)和图4-11(f)是选取的某一时刻输入相同的情况下两个RC系统的虚拟节点状态,从中可以看出,基于互耦合SLs的RC系统的虚拟节点状态变化幅度更大,而基于去耦合SLs的RC系统的虚拟节点状态变化较平稳。

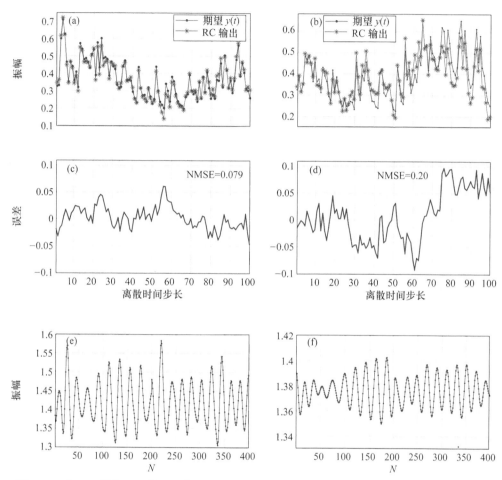

图4-11 基于互耦合SLs的RC(第一列)与基于去耦合SLs的RC(第二列)的期望$y(t)$的时域波形(蓝色)与RC系统的预测输出(红色)(a,b);RC系统的期望$y(t)$和预测输出之间的误差(c,d);一个掩码周期T内储备池中虚拟节点的状态(e,f)。其中$T=2\,\text{ns}$,$k_c=10\,\text{ns}^{-1}$,基于互耦合SLs的RC的$\gamma_1=0.15$,基于去耦合SLs的RC的$\gamma_2=0.03$

为了直观地表示互耦合SLs储备池与去耦合SLs储备池的虚拟节点状态的区别,图4-12给出了两个储备池的虚拟节点状态的时空演化图。图4-12(a)是互耦合SLs储备池的虚拟节点状态的时空演化图,图4-12(b)为去耦合SLs储备池的虚拟节点状态的时空演化图,图中不同颜色代表虚拟节点的不同状态值。从图 4-12 中可以更直观地看出,互耦合 SLs 储备池的虚拟节点状态更加丰富,更便于提取数据特征,因此在预测性能中表现更佳。但需要指出的是,在我们的测试中,虽然基于去耦合 SLs 的 RC 的预测误差大于基于互耦合 SLs 的 RC 的预测误差,但是去耦合 SLs 储备池依然比单、双光反馈 SL 构建的储备池的性能要好,这一点从下面对储备池记忆能力的分析中得到了证实。

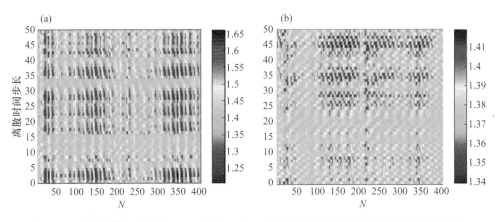

图 4-12　互耦合 SLs 储备池(a)和去耦合 SLs 储备池(b)的虚拟节点状态的时空演化图

由 NARMA10 系统的输出公式(4.4.1)可以看出,一个 RC 系统在处理该任务时,要求这个 RC 系统至少具有之前 10 步的记忆能力,而第 3 章提出的双光反馈 SL 的储备池在由图 3-15 给出的最好记忆能力情况下,在延迟 10 步时储备池的记忆能力已经降到 0.9 以下,可以预见该系统并不适合处理对记忆能力要求较高的任务。下面应用 3.4.2 节所介绍的记忆能力测试方法,对互耦合 SLs 储备池与去耦合 SLs 储备池的记忆能力进行研究。

图 4-13 分别给出了互耦合 SLs 储备池与去耦合 SLs 储备池的记忆能力 MC 随缩放因子 γ 变化的曲线。由图 4-13 可以看出,两个储备池的记忆能力都在 $\gamma < 0.1$ 时比较高,而且互耦合 SLs 储备池的记忆能力基本高于去耦合 SLs 储备池的记忆能力;当 $\gamma > 0.1$ 时,随着 γ 的增大,两个储备池的记忆能力都开始下滑,而且互耦合 SLs 储备池的记忆能力下滑得更快;对较大的 γ,去耦合 SLs 储备池的记忆能力高于互耦合 SLs 储备池的记忆能力。通过与图 4-10 进行对比可以发现,图 4-13 中两个储备池记忆能力的变化趋势(两个 MC 都随着 γ 的增大呈现先增大后减小的趋势)与其对 NARMA10 的预测误差的变化趋势(两个 NMSE 都随着 γ 的增大呈

现先减小后增大的趋势)恰好相反,这符合 NARMA10 任务对储备池的记忆能力要求高的事实,即储备池的记忆能力较高时 RC 会取得较小的预测误差。但是,仔细观察两个图还可以发现,当 $\gamma > 0.13$,图 4-13 中互耦合 SLs 储备池的记忆能力低于去耦合 SLs 储备池的记忆能力,而此时图 4-10 中基于互耦合 SLs 的 RC 系统的预测误差仍明显低于基于去耦合 SLs 的 RC 系统的预测误差,这似乎与上面的事实相矛盾,然而并非如此,此时就需要进一步分析 3.4.2 节中提到的记忆质量。

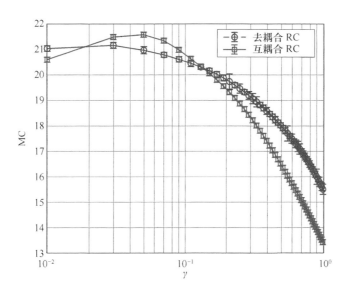

图 4-13　互耦合 SLs 储备池(红色)与去耦合 SLs 储备池(蓝色)
的记忆能力 MC 分别随缩放因子 γ 变化的曲线

　　图 4-14 呈现了互耦合 SLs 储备池与去耦合 SLs 储备池的记忆功能,分别选取了 $\gamma = 0.05$〔图 4-14(a)〕和 $\gamma = 0.60$〔图 4-14(b)〕两种情况。当 $\gamma = 0.05$ 时,互耦合 SLs 储备池的记忆能力(MC=21.6)高于去耦合 SLs 储备池的记忆能力(MC=20.9);而当 $\gamma = 0.60$ 时,情况相反,互耦合 SLs 储备池的记忆能力(MC=15.7)低于去耦合 SLs 储备池的记忆能力(MC=17.5)。从图 4-14 中还可以清楚地看到,虽然在 $\gamma = 0.60$ 时互耦合 SLs 储备池的记忆能力低于去耦合的,但是互耦合 SLs 储备池的记忆曲线更接近于矩形,在延时 13 步时其记忆值仍高于 0.9,而去耦合 SLs 储备池的记忆值在延时 13 步时已降至 0.7。通过计算两种情况的记忆质量能更清楚地反映这个问题。

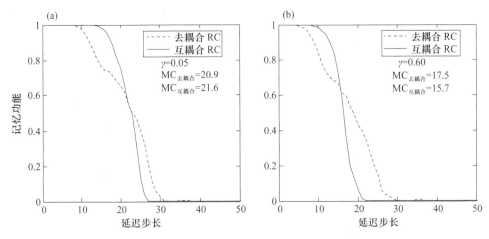

图 4-14　互耦合 SLs 储备池(实线)与去耦合 SLs 储备池(虚线)的记忆功能

图 4-15 给出了互耦合 SLs 储备池与去耦合 SLs 储备池的记忆质量 MQ 分别随缩放因子 γ 变化的曲线。通过对两个储备池的记忆质量 MQ 进行对比,可以清楚地看到,互耦合 SLs 储备池的记忆质量始终保持在 0.91 以上;而去耦合 SLs 储备池的记忆质量处于 0.88 以下,而且随着 γ 的增大其 MQ 在波动下降。这个对比也反映出储备池的计算能力不仅与其记忆能力相关,还与其记忆质量相关。基于互耦合 SLs 的储备池兼顾了较高的记忆能力与较高的记忆质量,因而在对任务进行处理时有较好的表现。

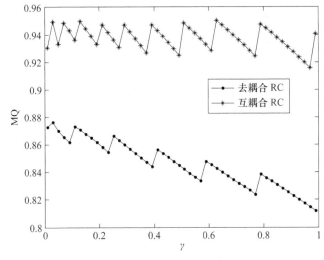

图 4-15　互耦合 SLs 储备池与去耦合 SLs 储备池的记忆质量 MQ 分别随缩放因子 γ 变化的曲线

4.5 本章总结

本章在单光反馈 SL 的储备池中添加了一个非线性节点,构成了互耦合 SLs 的延时 RC 系统。对两个 SLs 使用不同的混沌掩码,处理同一个任务,因而在相同的数据周期内,得到的虚拟节点数量是单个 SL 储备池的两倍,而且由于激光器的耦合作用,反馈环的作用不仅仅是简单的反射,还相当于在反馈环中增加了额外的非线性处理。在输入数据周期 $T=1$ ns 的情况下,对 Santa Fe 混沌时间序列预测任务的测试中,当耦合强度 $k_c=2$ ns^{-1},掩码缩放因子 $\gamma=0.5$ 时,得到系统最小预测误差 NMSE$=5.1\times10^{-5}\pm5.2\times10^{-6}$;在波形识别任务测试中,当 $k_c=5$ ns^{-1},$\gamma=1$ 时,得到最小预测误差 NMSE$=5.5\times10^{-4}\pm8.8\times10^{-5}$。这种互耦合的 SLs 结构表现出了优异的预测和分类性能。

在此基础上,本章比较了由两个 SLs 构成的互耦合与去耦合两种结构的储备池的表现,并利用预测难度更大的 NARMA10 任务进行测试。当 $T=2$ ns,$k_c=10$ ns^{-1} 时,基于互耦合 SLs 的 RC 系统在 $\gamma=0.15$ 时得到最低预测误差 NMSE$=0.077\pm0.002$,而基于去耦合 SLs 的 RC 系统在 $\gamma=0.03$ 时得到最低预测误差 NMSE$=0.19\pm0.003$。最后,通过进一步分析两个储备池的虚拟节点状态和记忆能力,揭示了基于互耦合 SLs 的 RC 系统取得更好性能的原因。即在数据周期相同和非线性节点数目相等的情况下,互耦合 SLs 储备池的记忆能力强于去耦合 SLs 储备池的记忆能力,且记忆质量达到 0.9 以上,因此能够处理更加复杂的任务。

本章参考文献

[1] Tezuka M, Kanno K, Bunsen M. Reservoir computing with a slowly modulated mask signal for preprocessing using a mutually coupled optoelectronic system. Jpn. J. Appl. Phys., 2016, 55(8): 08RE06.

[2] Larger L, Soriano M C, Brunner D, et al. Photonic information processing beyond Turing: an optoelectronic implementation of reservoir computing. Opt. Express, 2012, 20(3): 3241-3249.

[3] Paquot Y, Duport F, Smerieri A, et al. Optoelectronic reservoir computing. Sci. Rep. , 2012, 2: 287.

[4] Wu J G, Wu Z M, Tang X, et al. Simultaneous generation of two sets of time delay signature eliminated chaotic signals by using mutually coupled semiconductor lasers. IEEE Photon. Technol. Lett. , 2011, 23 (12): 759-761.

[5] Wu J G, Wu Z M, Xia G Q, et al. Evolution of time delay signature of chaos generated in a mutually delay-coupled semiconductor lasers system. Opt. Express, 2012, 20(2): 1741-1753.

[6] Deng T, Xia G Q, Wu Z M, et al. Chaos synchronization in mutually coupled semiconductor lasers with asymmetrical bias currents. Opt. Express, 2011, 19(9): 8762-8773.

[7] Tang X, Wu Z M, Wu J G, et al. Generation of multi-channel high-speed physical random numbers originated from two chaotic signals of mutually coupled semiconductor lasers. Laser Phys. Lett. , 2015, 12(1): 015003.

[8] Tang X, Wu Z M, Wu J G, et al. Tbits/s physical random bit generation based on mutually coupled semiconductor laser chaotic entropy source. Opt. Express, 2015, 23(26): 33130-33141.

[9] Zhong Z Q, Wu Z M, Wu J G, et al. Time-delay signature suppression of polarization-resolved chaos outputs from two mutually coupled VCSELs. IEEE Photon. J. , 2013, 5: 1500409.

[10] Nakayama J, Kanno K, Uchida A. Laser dynamical reservoir computing with consistency: an approach of a chaos mask signal. Opt. Express, 2016, 24(8): 8679-8692.

[11] Sprott J C. A simple chaotic delay differential equation. Phys. Lett. A, 2007, 366: 397-402.

[12] Duport F, Schneider B, Smerieri A, et al. All-optical reservoir computing. Opt. Express, 2012, 20(20): 22783-22795.

[13] Uchida A. Optical communication with chaotic lasers. Weinheim: Wiley-VCH Verlag GmbH & Co. KGaA, 2012.

[14] Hou Y S, Xia G Q, Jayaprasath E, et al. Parallel information processing using a reservoir computing system based on mutually coupled semiconductor lasers. Appl. Phys. B, 2020, 126(3): 40.

[15] Hou Y S, Yi L L, Xia G Q, et al. Exploring high quality chaotic signal generation in mutually delay coupled semiconductor lasers system. IEEE Photon. J., 2017, 9(5): 1505110.

[16] Yue D Z, Wu Z M, Hou Y S, et al. Performance optimization research of reservoir computing system based on an optical feedback semiconductor laser under electrical information injection. Opt. Express, 2019, 27(14): 19931-19939.

[17] Appeltant L, Soriano M C, Sande G V d, et al. Information processing using a single dynamical node as complex system. Nat. Commun., 2011, 2: 468.

[18] Hou Y S, Xia G Q, Jayaprasath E, et al. Prediction and classification performances of reservoir computing system using mutually delay-coupled semiconductor lasers. Opt. Commun., 2019, 433: 215-220.

[19] Brunner D, Soriano M C, Mirasso C R, et al. Parallel photonic information processing at gigabyte per second data rates using transient states. Nat. Commun., 2013, 4: 1364.

[20] Yue D Z, Wu Z M, Hou Y S, et al. Effects of some operation parameters on the performance of a reservoir computing system based on a delay feedback semiconductor laser with information injection by current modulation. IEEE Access, 2019, 7: 128767-128773.

[21] Appeltant L. Reservoir computing based on delay-dynamical systems. [2020-12-05]. http://www.tdx.cat/handle/10803/84144.

[22] Nguimdo R M, Verschaffelt G, Danckaert J, et al. Fast photonic information processing using semiconductor lasers with delayed optical feedback: role of phase dynamics. Opt. Express, 2014, 22 (7): 8672-8686.

[23] Rodan A, Tino P. Minimum complexity echo state network. IEEE Trans. Neural Networks, 2011, 22(1): 131-144.

[24] Namajunas A, Pyragas K, Tamasevicius A. An electronic analog of the Mackey-Glass system. Phys. Lett. A, 1995, 201: 42-46.

[25] Sano S, Uchida A, Yoshimori S, et al. Dual synchronization of chaos in Mackey-Glass electronic circuits with time-delayed feedback. Phys. Rev. E, 2007, 75: 016207.

[26] Udaltsov V S, Larger L, Goedgebuer J, et al. Bandpass chaotic dynamics of electronic oscillator operating with delayed nonlinear feedback. IEEE Trans. Circuits Syst. I Fundam. Theory Appl. , 2002, 49(7): 1006-1009.

[27] Qin J, Zhao Q C, Yin H X, et al. Numerical simulation and experiment on optical packet header recognition utilizing reservoir computing based on optoelectronic feedback. IEEE Photon. J. , 2017, 9(1): 7901311.

[28] Zhao Q C, Yin H X, Zhu H G. Simultaneous recognition of two channels of optical packet headers utilizing reservoir computing subject to mutual-coupling optoelectronic feedback. Optik, 2018, 157: 951-956.

[29] Qin J, Zhao Q C, Xu D J, et al. Optical packet header identification utilizing an all-optical feedback chaotic reservoir computing. Mod. Phys. Lett. B, 2016, 30(16): 1650199.

[30] Peréz-Serrano A, Javaloyes J, Balle S. Directional reversals and multimode dynamics in semiconductor ring lasers. Phys. Rev. A, 2014, 89(2): 023818.

[31] Sorel M, Giuliani G, Sciré A, et al. Operating regimes of GaAs-AlGaAs semiconductor ring lasers: experiment and model. IEEE J. Quantum Electron. , 2003, 39(10): 1187-1195.

第5章 基于互耦合半导体激光器的并行储备池计算

5.1 引　言

  第 3 章和第 4 章中研究及报道的 RC 系统都是针对处理单一输入信息数据流任务,然而,在一些实际应用中,需要对不同输入数据流并行计算。例如,在通信网络中,希望使用单个 RC 系统同时均衡几个比特流。众所周知,人的大脑能同时处理几个独立任务,即使这些任务要求输入数据流不相关。为了模拟人脑的并行性,最近研究者们报道了几种并行 RC 的尝试。在文献中,研究人员都采用将单一输入数据流注入储备池,利用储备池中虚拟节点的响应同时实现了对两个任务的并行处理。具体地,在文献中,对馈入由 16 个物理节点组成的储备池的单个信号同时执行不同的布尔逻辑操作。在文献中,口头数字数据流被注入储备池,最终同时实现了对说话者语音和说出的数字进行识别。文献中的实验展示了一个 RC 系统,其新颖之处是用非线性节点状态的频域复用实现并行信息处理。文献仿真验证了在基于半导体环形激光器构建的储备池中可以利用顺时针和逆时针两种光模式同时处理两个任务。在自反馈的情况下,系统以 250 MSa/s 的数据处理速率同时处理 Santa Fe 混沌时间序列预测和非线性信道均衡两个任务,获得的预测误差 NMSE 为 0.031 ± 0.01,分类误差 SER 为 0.040 ± 0.015。这项研究是基于环形激光器进行的,而单模 SL 是否也具备这种并行计算的能力值得进一步探索。

  在第 4 章,我们提出了由两个互耦合 SLs 构成储备池的 RC 系统。这种互耦合的结构相当于在各自的反馈环路中增加了非线性节点,因此储备池具有更高维的映射能力。相对于一般的外腔反馈 SL 系统,互耦合 SLs 系统具有一些独特的优势。首先,相对于单个 SL 而言,另一个耦合 SL 相当于非线性反射镜,从而构成非线性光反馈,这不同于一般的外腔反馈 SL 系统中所提供的线性光反馈。其次,互耦合 SLs 系统较一般的外腔反馈 SL 系统具有更高的自由度,易于实现 RC 所需的高维映射。再次,互耦合 SLs 系统因具有两个 SLs 而能够同时产生两组虚拟节点,丰富了储备池中虚拟节点的状态。最后,最重要的是,互耦合 SLs 系统可以同时实现两路光信号输出。因此,利用互耦合 SLs 作为储备池,较利用一般的外腔反馈 SL 作为储备池,具有更易于实现高性能 RC 的潜能。

基于此,本章对基于互耦合 SLs 的 RC 系统的并行计算能力进行理论研究。采用优质混沌信号做掩码,通过 Santa Fe 混沌时间序列预测和非线性信道均衡两个基准任务对这个系统的并行计算能力进行全面仿真测试,证明这种 RC 系统具有并行处理两个独立任务的能力。

5.2 基于互耦合半导体激光器的并行储备池计算系统

5.2.1 系统结构

图 5-1 为基于互耦合 SLs 的并行 RC 系统示意图。在这个并行 RC 系统中,两个相互延迟耦合的响应 SLs(R-SL1 和 R-SL2)构成储备池的非线性节点。如图 5-1 所示,两个不同的连续输入信号 $u(t)$ 和 $v(t)$ 分别被离散采样为 $u(n)$ 和 $v(n)$,同时将每个离散采样点 $u(n)$ 和 $v(n)$ 都保持 T 时间,分别得到以 T 为周期的分段常数函数,这两个分段常数函数分别和周期为 T 的掩码信号 $M_1(t)$ 和 $M_2(t)$ 相乘后再进行适当缩放,分别得到被掩码的输入信号 $S_1(t)$ 和 $S_2(t)$,它们分别经由调制器 1 和调制器 2 调制到驱动 SL(D-SL)输出的 CW 光上,而后分别注入储备池中的 R-SL1和 R-SL2。在储备池中,每个 R-SL 在时间间隔 θ 内的输出值被看作虚拟网络一个节点的状态,这样两个 R-SLs 在连续时间间隔 θ 内的输出值分别对应一序列虚拟节点状态。如图 5-1 所示,从 R-SL1 到 R-SL2 的耦合延迟线包括一些虚拟节点(红色),而从 R-SL2 到 R-SL1 的耦合延迟线包括不同的虚拟节点(绿色)。

这个系统与第 4 章中的互耦合 SLs 的 RC 系统非常类似,但又有本质差异。第 4 章中是对两个激光器注入同一信息处理任务,同时需要使用不同的掩码;本章中注入两个激光器的是两个不同的任务,甚至是完全不同类型的任务(一个预测任务和一个分类任务)。

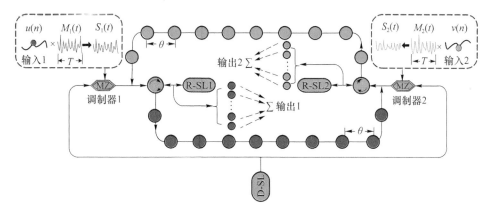

MZ—马赫-曾德尔调制器;D-SL—驱动半导体激光器;R-SL—响应半导体激光器

图 5-1　基于互耦合 SLs(R-SL1 和 R-SL2)的并行 RC 系统示意图

本章仍然利用优质混沌信号分别作为 R-SL1 和 R-SL2 的输入掩码。在输出层采用线性最小二乘法最小化目标函数和 RC 输出之间的均方误差来优化权重。

由于在这个系统中要同时输入两个任务,储备池虚拟节点状态矩阵的构成更加复杂,因此有必要进行详细的说明。我们的 RC 系统涉及 τ_1、τ_2、T 三个时间尺度,τ_1 是信号由 R-SL1 到达 R-SL2 的延迟时间,而 τ_2 是信号由 R-SL2 到达 R-SL1 的延迟时间,因此 R-SL1 发出的信号再反馈回自身需要走完一个完整的反馈环,即需要 $\tau_1 + \tau_2$ 的延迟时间。T 为每个离散采样点的保持时间,即输入数据更新的周期,也是掩码信号的周期。本章中如无特别指明,$\tau_1 = \tau_2 = \tau$。对于给定的 T 值,当设定了虚拟节点时间间隔 θ 后,每根延迟线包含的虚拟节点数目 $m = T/\theta$ 被确定。如长度为 L 的一维离散输入信号 $u(k)$,与掩码 M_1^m(m 为储备池虚拟节点的数量,下标 1 对应于 SL1)相乘后,得到了一个输入矩阵 $S_1^{L \times m}$,这个矩阵的每一行对应一个输入数据周期,每一列对应一个虚拟节点,因而在反馈环中收集虚拟节点的状态,同样会得到一个状态矩阵 $X_1^{L \times m}$。相应地,在 SL2 的输出中会得到 $X_2^{L \times m}$。图 5-2 给出了并行 RC 虚拟节点状态的收集过程。在图 5-2 中,$\tau_1 = \tau_2 = T/2$,在这种情况下,每一个输入数据周期内的信号需要两个反馈延时才能收集到相应的 m 个虚拟节点的状态。

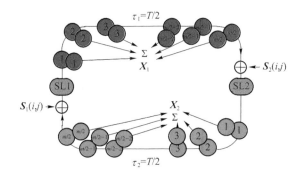

图 5-2　储备池虚拟节点状态矩阵的构成

5.2.2　系统模型

基于 5.2.1 节的叙述,两个相同的 R-SLs 构成储备池,光注入用于加载被掩码的输入信号。因此,这个储备池中两个互耦合 R-SLs 在光注入下的速率方程可以表示为

$$\frac{\mathrm{d}E_{1,2}(t)}{\mathrm{d}t} = \frac{1}{2}(1+\mathrm{i}\alpha)\left[G_{1,2} - \frac{1}{\tau_{\mathrm{p}}}\right]E_{1,2}(t) + k_{\mathrm{c}}E_{2,1}(t-\tau)\mathrm{e}^{-\mathrm{i}2\pi\nu\tau} +$$

$$k_{\mathrm{inj}}E_{\mathrm{inj1,2}}(t)\mathrm{e}^{\mathrm{i}2\pi\Delta\nu t} + \sqrt{D}\zeta_{1,2}(t) \tag{5.2.1}$$

$$\frac{\mathrm{d}N_{1,2}(t)}{\mathrm{d}t} = \frac{I}{q} - \frac{N_{1,2}(t)}{\tau_{\mathrm{s}}} - G_{1,2}\,|\,E_{1,2}(t)\,|^2 \tag{5.2.2}$$

$$G_{1,2} = \frac{g(N_{1,2}(t) - N_0)}{1+\varepsilon\,|\,E_{1,2}(t)\,|^2} \tag{5.2.3}$$

其中,下标 1 和 2 分别代表 R-SL1 和 R-SL2,E 是慢变电场的复振幅,N 是激光腔中的载流子数。G 是光增益。g 为微分增益,N_0 为透明载流子数,α 为线宽增强因子,ε 为增益饱和系数。k_{c} 表示耦合强度,k_{inj} 表示 D-SL 注入每个 R-SL 的注入光强度。ν 是 R-SLs 在自由运行时的光频率,$\Delta\nu$ 表示 D-SL 与每个 R-SL 之间的频率失谐。τ_{p} 为光子寿命,τ_{s} 为载流子寿命,I 为每个 R-SL 的注入电流,q 为电子的电量。每个激光器的自发辐射噪声用均值为 0、方差为 1 的高斯白噪声 ζ_1 和 ζ_2 分别乘以常数 D 的开方表示。R-SL1 和 R-SL2 的注入光慢变复电场 E_{inj1} 和 E_{inj2} 分别可以描述为

$$E_{\mathrm{inj1}}(t) = \sqrt{I_{\mathrm{d}}}\exp(\mathrm{i}S_1(t)) \tag{5.2.4}$$

$$E_{\mathrm{inj2}}(t) = \sqrt{I_{\mathrm{d}}}\exp(\mathrm{i}S_2(t)) \tag{5.2.5}$$

其中，I_d 为 DSL 输出的连续光波的光强。被掩码信号 $S_1(t)$ 和 $S_2(t)$ 由 5.2.1 节可以分别表示为

$$S_1(t) = M_1(t) \times u(n) \times \gamma_1 \tag{5.2.6}$$

$$S_2(t) = M_2(t) \times v(n) \times \gamma_2 \tag{5.2.7}$$

其中，$u(n)$ 和 $v(n)$ 分别是对不同时间连续输入信号进行的离散采样，$M_1(t)$ 和 $M_2(t)$ 分别是周期为 T 的掩码信号，γ_1 和 γ_2 是缩放因子。

5.2.3　测试任务及评价指标

本章中选用 Santa Fe 混沌时间序列预测任务评价这个并行 RC 系统的预测性能，选用非线性信道均衡任务评价该并行 RC 系统的分类性能。这里考虑三种不同情形的并行 RC：①对两个独立的 Santa Fe 混沌时间序列预测任务并行预测；②对两个独立的非线性信道均衡任务并行处理；③对一个 Santa Fe 混沌时间序列预测任务和一个非线性信道均衡任务并行处理。

Santa Fe 数据集中包含 9 000 个点。在同时处理两个预测任务时，选择 Santa Fe 数据集中的前 4 000 个点用于任务 1，后 4 000 个点用于任务 2，中间的 1 000 个点没有被使用，以确保任务 1 和任务 2 所用数据集不同。在每个任务所用的 4 000 个点中，分别将其前 3 000 个点用作训练集，后 1 000 个点用作测试集。在并行处理一个 Santa Fe 混沌时间序列预测任务和一个非线性信道均衡任务时，选用 Santa Fe 数据集中的前 3 000 个点用作训练集，后 6 000 个点用作测试集。预测性能量化指标 NMSE 的详细叙述见 3.2.3 节的式（3.2.5）。

非线性信道均衡任务被广泛应用于无线通信领域，主要解决无线信号接收端的信号修复问题。例如，无线信号的发送端想要发送一个符号序列，首先将该序列变换为模拟信号，然后在高频载波信号上进行调制并发送，接收端接收并解调出模拟信号。但是，由于模拟信号在传输中被干扰而发生形变，因此解调出的是被损坏的模拟信号。干扰主要来源于噪声（热噪声或其他干扰信号）、多径传播导致的相邻信号的叠加（码间串扰）以及发送方使用高增益放大器导致的非线性失真。为了避免信号放大过程中的非线性失真，可以将实际放大功率调低，可能远低于设备的最大限度，因此导致能量效率低，而这种做法在手机和卫星通信中功率本来就很低的情况下显然是不可取的。信道均衡的目的就是将被损坏的信号 $s(n)$ 通过均衡滤波器，使输出 $y(n)$ 尽可能地将 $s(n)$ 恢复为 $d(n)$。最后，均衡后的信号 $y(n)$ 被转换

回符号序列。这个测试首次在文献中被报道,而后广泛应用于 RC 系统的测试,这个过程可以由一个数学模型表示,这个模型由一个带有 10 步记忆的线性部分和无记忆的、带噪声的非线性部分构成。被发送的信号 $d(n)$ 是从 $\{-3,-1,1,3\}$ 中随机提取的,因此可以量化表示为

$$q(n)=0.08d(n+2)-0.12d(n+1)+d(n)+0.18d(n-1)-$$

$$0.1d(n-2)+0.091d(n-3)-0.05d(n-4)+$$

$$0.04d(n-5)+0.03d(n-6)+0.01d(n-7) \tag{5.2.8}$$

$$s(n)=q(n)+0.036q^2(n)-0.011q^3(n)+\text{noise} \tag{5.2.9}$$

其中,noise 为噪声项,它是均值为零的高斯噪声,通常在信噪比为 12~32 dB 范围内调节该噪声的大小。并行 RC 系统对这个任务的分类性能通过符号错误率(SER)进行量化评估,符号错误率定义为被错误分类的符号所占百分比。我们用 3 000 个样本作为训练集,6 000 个样本作为测试集。

5.3　并行处理两个任务的测试性能分析

利用四阶 Runge-Kutta 算法对速率方程组(5.2.1)~(5.2.3)进行数值求解,各参数取值如下:$g=8.4\times10^{-6}$ ns^{-1},$\alpha=3.0$,$N_0=1.4\times10^8$,$\tau_s=2.04$ ns,$\tau_p=1.927$ ps,$\nu=1.96\times10^{14}$ Hz,$\varepsilon=2.0\times10^{-7}$,$k_{\text{inj}}=12.43$ ns^{-1},$q=1.602\times10^{-19}$ C,$D=8$ ns^{-1},$I_d=6.56\times10^4$,$M_1(t)=M_2(t)$。$j=I/I_{\text{th}}$ 是归一化的注入电流,其中两个响应激光器的阈值电流都是 $I_{\text{th}}=15.8$ mA。本节的模拟中无特别指明时,$\Delta\nu=-4.0$ GHz。考虑数据处理速率为 0.25 GSa/s($T=m\theta$ 的倒数),$m=200$,$\theta=20$ ps,得到以下结果。

在上述参数条件下,以 CW 光注入的互耦合 R-SL1 和 R-SL2 的弛豫振荡频率为 4.83 GHz。于是选用 2.5 节的 MDC-SLs 系统模拟输出的峰频约为 4.75 GHz 的优质混沌信号做掩码,并对该混沌信号进行幅度缩放,使其均值为 0、标准差为 1。

下面首先讨论 $\tau=T/2$ 的情况,对于注入每个 R-SL 的输入数据流,在时间 2τ 内以等间隔 θ 记录的每个 R-SL 的输出值是相应虚拟节点的状态。

在上述参数条件下,利用这个并行 RC 系统对两个任务进行测试之前,首先需要判断在光注入但不加载数据($\gamma_1=\gamma_2=0$)的情况下,这个互耦合 SLs 系统的稳定

区间,以便为储备池设定必要的参数提供参考依据。SL 在光注入及光耦合下,系统的动态特性已经被广泛地研究,具有丰富的非线性动力学行为,包括稳态(S)、单周期态(P1)、双周期态(P2)、准周期态(QP)、多周期态(MP)及混沌脉冲态(CP)等。在这个测试中,由于两个激光器同时处理两个任务,二者相互耦合,将对方的输入进行非线性变换后反馈给对方,要求反馈信号包含自身信息而不能过度被对方信息干扰,因此,我们提高了光注入强度,设定 $k_{inj}=25\ ns^{-1}$,然后在归一化注入电流 j 及耦合强度 k_c 构成的参数空间内对两个 R-SLs 非线性动力学输出的演化规律进行了研究,得到两个 R-SLs 非线性动力学输出的分布图。由于两个激光器相同,所取参数也相同,因此测试所得的两个 R-SLs 非线性动力学输出的分布图几乎相同,这里仅给出 R-SL1 的图形,如图 5-3 所示。图 5-3 中不同的颜色代表不同的非线性动力学态,其中,黑蓝色区域为 S 态,深蓝色区域为 P1 态,浅蓝色区域为 P2 态,黄色区域为 QP 态,红色区域为 MP 态,褐色区域为 CP 态。由于增加了注入强度,因此图 5-3 中大部分区域是 S 态,即系统是稳定的,但当注入电流 j 大于 1.05 后,随着耦合强度及电流的增加,系统趋于振荡状态,尤其是当 j 大于 1.1,耦合强度 k_c 高于 14 ns^{-1} 时,系统很容易进入混沌态。正如第 2 章已经提到的,在延时型 RC 系统中,较好的计算性能通常是在无数据注入时系统处于稳态且离混沌边缘不远。考虑注入数据后,系统的阈值电流会有所降低,因此在下面的讨论中,在 $0.9<j<1.2$,$10\ ns^{-1}<k_c<18\ ns^{-1}$ 的参数区间内测试这个并行 RC 系统处理两个任务的能力。

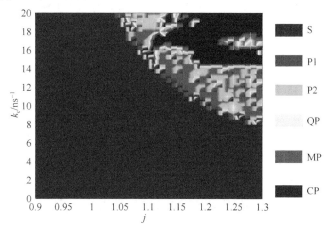

图 5-3　在光注入下,R-SL1 在归一化注入电流 j 及耦合强度 k_c 构成的
参数空间内的非线性动力学分布,其中 $k_{inj}=25\ ns^{-1}$

接下来,分析这个 RC 系统并行处理两个任务的能力。首先测试这个系统同时处理两个 Santa Fe 混沌时间序列预测任务的性能。预测性能随归一化注入电流 j 及耦合强度 k_c 的变化如图 5-4 所示,需要说明的是,在测试中发现两个缩放因子 $\gamma_1 = \gamma_2 = 1.2\pi$ 时,系统能够达到较好的效果。图 5-4 中不同的颜色表示不同的 $\log_{10}(\text{NMSE})$ 值。由图 5-4(a)和图 5-4(b)可以看出,尽管两个任务使用了相同的参数,但测试结果仍存在一些差异,这可能是预测数据的不同导致两个激光器在同一时刻输出的光强总是有高有低,由于耦合的作用,相互之间造成了一定的影响。但是两个预测任务的测试结果具有相同的变化趋势,较低预测误差出现在耦合强度 $15\,\text{ns}^{-1} < k_c < 18\,\text{ns}^{-1}$ 及归一化电流 $0.96 \leqslant j \leqslant 1.05$ 的区域内。图 5-4(a)中最低预测误差 $\text{NMSE} = 0.0214$ 出现在 $j = 0.96, k_c = 18\,\text{ns}^{-1}$ 处;图 5-4(b)中最低预测误差 $\text{NMSE} = 0.0261$ 出现在 $j = 1.02, k_c = 17.5\,\text{ns}^{-1}$ 处。值得说明的是,当耦合强度 k_c 超过 $18\,\text{ns}^{-1}$ 时,我们也进行了测试,但是预测误差都开始增加,因此图 5-4 只显示了 $10\,\text{ns}^{-1} \leqslant k_c \leqslant 18\,\text{ns}^{-1}$ 的情况。

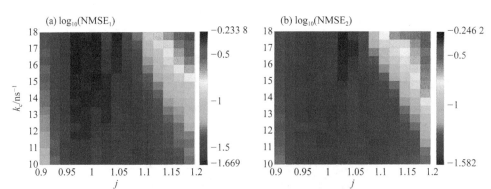

图 5-4　并行 RC 系统同时处理两个 Santa Fe 混沌时间序列预测任务时,对任务 1(a)和任务 2(b)的预测性能分别随耦合强度 k_c 和归一化注入电流 j 的变化图,其中 $\gamma_1 = \gamma_2 = 1.2\pi$。为了使图中颜色区分更明显,所测得的 NMSE 分别取了对数

为了尽可能简化并行 RC 系统处理两个任务时的参数调整过程,下面选取 $k_c = 17.5\,\text{ns}^{-1}, 0.9 \leqslant j \leqslant 1.1$,再次对并行 RC 系统进行测试。图 5-5 为并行 RC 系统同时处理两个 Santa Fe 混沌时间序列预测任务的 NMSE 随归一化注入电流 j 变化的曲线。图 5-5 中 NMSE 是 10 次结果的平均值。从图 5-5 中可以看出,在 $j = 1$ 附近,即当注入电流在阈值电流附近变化时,两个预测误差都小于 0.05,而且在 0.03 上下做小范围波动。在 $j = 0.98$ 及 $j = 1.02$ 时,分别得到了两个任务的最

小预测误差,$NMSE_1 = 0.020\,3 \pm 2.52 \times 10^{-4}$,$NMSE_2 = 0.027\,0 \pm 6.95 \times 10^{-4}$。

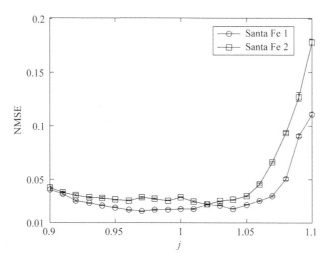

图 5-5　并行 RC 系统同时处理两个 Santa Fe 混沌时间序列预测任务的

NMSE 分别随归一化注入电流 j 变化的曲线,其中 $k_c = 17.5\ \mathrm{ns}^{-1}$,$\gamma_1 = \gamma_2 = 1.2\pi$

接下来测试系统并行处理两个非线性信道均衡任务的表现。如前所述,这个任务属于分类任务的一种,但又不同于波形识别等分类任务,它要求系统具有一定的记忆能力,因此相对于简单的波形识别有更高的难度。图 5-6 给出了并行 RC 系统同时处理两个非线性信道均衡任务的分类性能分别随耦合强度 k_c 和归一化注入电流 j 的变化图,信噪比 $SNR = 24\ dB$。为了使输入信号的范围与同时输入两个 Santa Fe 混沌时间序列预测任务时的一致,以探索系统对不同任务组的简单切换功能,这里取 $\gamma_1 = \gamma_2 = 0.3\pi$。图 5-6 中不同的颜色表示不同分类误差的对数值,即 $\log_{10}(SER)$。从图 5-6 中可以看出,当归一化电流 $0.92 < j < 1$ 时,两个任务的误差都较小,为 10^{-3} 量级,但出现最低分类误差的耦合强度 k_c 却并不相同,不能找出类似于处理 Santa Fe 混沌时间序列预测任务时的规律,这说明了非线性信道均衡任务对耦合强度的变化并不是十分依赖。因此,为了使系统既能处理预测任务又能处理分类任务,在下面的研究中,仍然选择 $k_c = 17.5\ \mathrm{ns}^{-1}$ 进行测试。

从图 5-7 中可以看出,在信噪比为 24 dB 的情况下,两个非线性信道均衡任务在 $j \leqslant 1.02$ 时都取得了较好的分类结果,测得的 SER 都低于 2×10^{-3},随着归一化注入电流 j 的增加,两个分类误差 SER 都逐渐增加。任务 1 在 $j = 0.93$ 处得到最小误差 $SER_1 = (6.5 \pm 3.79) \times 10^{-4}$,任务 2 在 $j = 0.92$ 处得到最小误差 $SER_2 =$

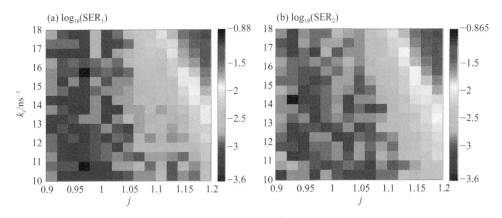

图 5-6 并行 RC 系统同时处理两个非线性信道均衡任务时,对任务 1(a)和任务 2(b)的

分类性能分别随耦合强度 k_c 和归一化注入电流 j 的变化图,其中 $\gamma_1 = \gamma_2 = 0.3\pi$,

SNR＝24 dB。为了使图中颜色区分更明显,所得的 SER 分别取了对数

$(6.0\pm4.87)\times10^{-4}$,且在 $j=0.93$ 时 $SER_2 = (7.0\pm3.26)\times10^{-4}$,即在同样的注入强度、耦合强度及注入电流下,两个任务都能获得较好的分类性能。

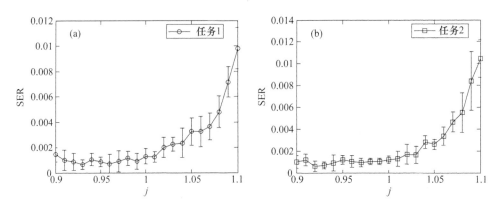

图 5-7 并行 RC 系统同时处理两个非线性信道均衡任务的 SER 分别随

归一化注入电流 j 变化的曲线,其中 $\gamma_1 = 0.3\pi$,$\gamma_2 = 0.3\pi$,SNR＝24 dB

　　针对不同信噪比的情况,我们也进行了研究,如图 5-8 所示。图 5-8 选取 $j=$ 0.93测试了在不同信噪比下,并行 RC 系统同时处理两个非线性信道均衡任务的表现。为了减小计算误差,使用了 20 000 个点的数据进行测试。从图 5-8 中可以看出,即使在 12 dB 低信噪比的情况下,两个任务的误差仍在 0.02 左右,且当信噪比为 32 dB 时,获得的 SER 分别为$(4.0\pm1.62)\times10^{-4}$和$(1.1\pm0.56)\times10^{-4}$。

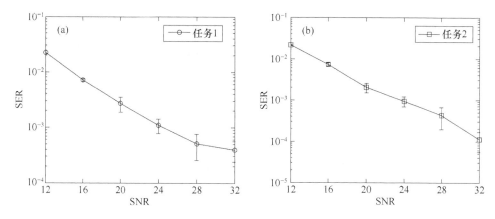

图 5-8 并行 RC 系统同时处理两个非线性信道均衡

任务的 SER 分别随信噪比 SNR 变化的曲线

接下来测试系统同时处理两个不同类型的任务时的表现,即同时输入一个 Santa Fe 混沌时间序列预测任务和一个非线性信道均衡任务。由于 Santa Fe 数据经过归一化处理后输入值范围为[0,1],而非线性信道均衡任务的输入值范围在 SNR 为24 dB时约为(−3,4),因此,为了使两个激光器输出的光强基本平衡,这里设置$\gamma_1 = 1.2\pi$,$\gamma_2 = 0.3\pi$。图 5-9 给出了并行 RC 系统同时处理 Santa Fe 混沌时间序列预测任务及非线性信道均衡任务的 NMSE 和 SER 分别随耦合强度 k_c 及归一化注入电流 j 的变化图,图 5-9 中不同颜色表示不同 $\log_{10}$(NMSE)值和 $\log_{10}$(SER)值。将图 5-9(a)和图 5-9(b)展示的结果分别与图 5-4 和图 5-6 的结果进行对比,可以得出系统同时处理两个不同类型的任务时,对 Santa Fe 混沌时间序列预测任务的误差明显增加,但对非线性信道均衡任务的影响并不明显。同时,图 5-9(a)所示的 Santa Fe 混沌时间序列预测误差 NMSE 的整体变化趋势与图 5-4(a)类似,较低预测误差位于 $0.95 \leqslant j \leqslant 1$ 时,且在 $j = 0.94$,$k_c = 18 \text{ ns}^{-1}$ 处取得最低 NMSE$=0.029$。此外,从图 5-9(b)中可以看到,当 $j \leqslant 1.05$ 时,非线性信道均衡任务的 SER 都在 10^{-3} 量级左右,且在 $j = 1.08$,$k_c = 11.5 \text{ ns}^{-1}$ 处取得最低 SER$=1.67 \times 10^{-4}$。这里指出,测试中使用了 6 000 个点的数据,这个误差达到了最小计算精度。

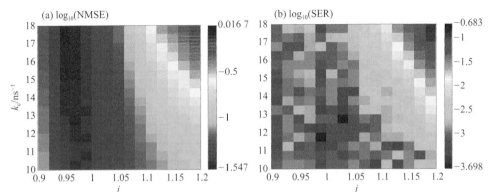

图 5-9 并行 RC 系统同时处理一个 Santa Fe 混沌时间序列预测任务(a)和一个非线性信道均衡任务(b)的 NMSE 及 SER 分别随耦合强度 k_c 及归一化注入电流 j 的变化图,其中 $\gamma_1 =$ 1.2π,$\gamma_2 = 0.3\pi$,SNR$= 24$ dB。为了使图中颜色区分更明显,所测得的 NMSE 和 SER 分别取了对数

综合上述结论,下面选取 $k_c = 17.5$ ns^{-1},$0.9 \leqslant j \leqslant 1.1$ 对同时处理两个不同类型的任务进行进一步测试。图 5-10 为并行 RC 系统处理一个 Santa Fe 混沌时间序列预测任务和一个非线性信道均衡任务的 NMSE 及 SER 分别随归一化注入电流 j 变化的曲线。图 5-10 中是两个任务运行 10 次的结果的平均值随归一化电流 j 变化的曲线。从图 5-10 中可以看出,在同时处理两个不同类型的任务时,系统性能相对于处理同类任务时稍有下降。图 5-10(a)中得到对 Santa Fe 混沌时间序列预测任务的最小预测误差 NMSE$= 0.032 \pm 4.24 \times 10^{-4}$,图 5-10(b)中得到对非线性信道均衡任务的最小分类误差 SER$= (7 \pm 3.2) \times 10^{-4}$,且当归一化电流 $j = 0.95$ 时,两个任务都得到了较好的计算结果,NMSE$= 0.032\ 4 \pm 6.45 \times 10^{-4}$,SER$= (9.33 \pm 3.03) \times 10^{-4}$。

通过以上测试,可以看出这种基于互耦合 SLs 的并行 RC 系统在同时处理两个任务时获得了较高的计算性能,尤其需要指出的是,在三种测试中可以设定相同的耦合强度 $k_c = 17.5$ ns^{-1} 及光注入强度 $k_{inj} = 25$ ns^{-1},而仅改变掩码缩放因子 γ_1 和 γ_2,就可以实现在同一系统中处理不同类型的任务,且能保持较低的计算误差,因而这个系统对两个任务的兼容性好,便于不同任务间的切换。

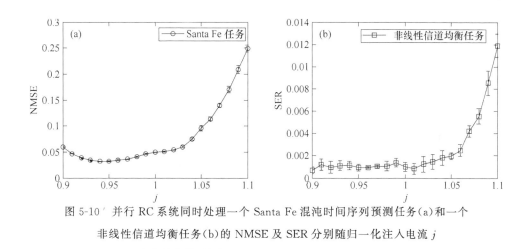

图 5-10　并行 RC 系统同时处理一个 Santa Fe 混沌时间序列预测任务(a)和一个

非线性信道均衡任务(b)的 NMSE 及 SER 分别随归一化注入电流 j

变化的曲线,其中 $\gamma_1=1.2\pi,\gamma_2=0.3\pi,\text{SNR}=24\text{ dB}$

5.4　储备池记忆能力及分离性能分析

在第 3 章中,双光反馈 SL 的储备池记忆能力最高达到 20.5,但记忆质量低于 0.85;在第 4 章中,互耦合 SLs 的储备池记忆能力最高达到 21.6,且记忆质量达到 0.95 左右。下面分析并行 RC 系统的互耦合 SLs 储备池的记忆能力,测试中仍然同时注入两个 SLs 不同的随机序列,同时测试二者的记忆能力。为了更全面地反映储备池的记忆能力,我们并没有局限于 5.3 节两个任务测试中的参数,设定 $\gamma_1=\gamma_2=1$,注入强度仍为 $k_{\text{inj}}=25\text{ ns}^{-1}$,耦合强度 k_c 在 10 ns^{-1} 至 25 ns^{-1} 之间变化,归一化注入电流 j 在 0.9 至 1.2 之间变化。得到的记忆能力随耦合强度 k_c 和归一化注入电流 j 的变化如图 5-11 所示。从图 5-11 中可以看出,在并行 RC 系统的储备池同时进行两个记忆能力的测试中,两个记忆能力随注入电流 j 及耦合强度 k_c 变化的趋势是一致的,只是在具体数值上有微小的区别,测得的最大记忆能力 $\text{MC}_1=12.44,\text{MC}_2=12.73$。可见这种储备池的记忆能力并不高。与图 5-3 进行对比可以发现,在这个 RC 系统中,记忆能力较高的点位于稳态与混沌态的边缘附近。同时可以看到,在之前测试的任务中,归一化注入电流在 1.0 以下,耦合强度为 17.5 ns^{-1} 时,系统的记忆能力都小于 6。而经测试发现,在记忆能力较高的红色区域内实际上得到的测试效果并不好。这一点也反映出储备池的计算能力不能仅靠记忆能力的大小来判断,因为分类任务并不需要很高的记忆能力,如果说 NARMA10 任务对储备池的要求偏重于记忆性,那么分类任务则更偏重于储备池的一致性与分离性。因此,下面对并行储备池的一致性和分离性进行研究。

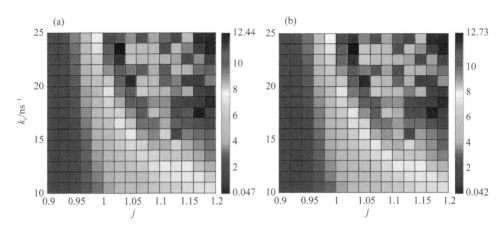

图 5-11 并行储备池中 R-SL1 的记忆能力 MC_1(a)和 R-SL2 的
记忆能力 MC_2(b)分别随耦合强度 k_c 及归一化注入电流 j 的变化图

储备池中非线性节点的作用是将输入信号映射到高维的状态空间中,所谓一致性是指在输入相同或者相近的数据时映射后的状态应该是相同或相近的,即相同级别的输入信号所产生的储备池状态应该归为一类。由于噪声及储备池之前状态的影响,即使输入相同的数据,也会得到不同的储备池状态,因此就需要储备池具有一致性,以抵消噪声的干扰。图 5-12 反映了并行储备池的一致性。测试中所用参数与图 5-6 所示同时处理两个非线性信道均衡任务时所用参数相同。测试一致性时,使用了 200 组数据,每组数据长度为 200,其中每组数据的前 199 个取自开区间(0,1)内均匀分布的随机序列,而第 200 个是固定的,即 200 组数据中的最后一位都是相同的。图 5-12 为 200 组数据最后一位输入时得到的 200 组储备池的虚拟节点状态。从图 5-12 中可以看到,它们具有类似的状态,尤其是在第 100 个虚拟节点之后,也就是数据的后半个输入周期所产生的虚拟节点状态已经不再受之前输入值的影响,而几乎完全一致。

为了更清楚,图 5-13 中选择了三组数据进行测试,并将其最后两个周期内的虚拟节点状态画在了一张图上。从图 5-13 中可以更清晰地看到并行储备池的一致性。

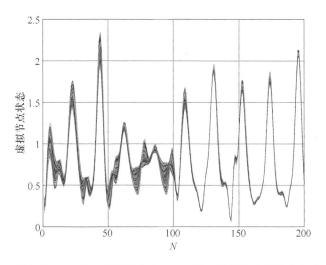

图 5-12 并行储备池的一致性测试中 200 组测试数据的末周期虚拟节点状态

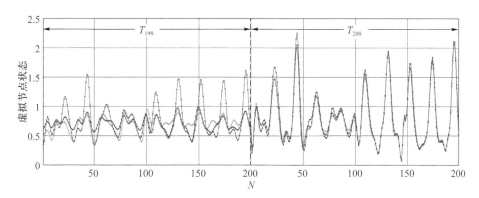

图 5-13 并行储备池的一致性测试中三组数据的后两个周期内的虚拟节点状态

为了定量分析并行储备池的一致性,可以使用下面的一致性相关系数:

$$\mathrm{CC}_{i,j} = \frac{\langle\, |\, X_i(t) - \overline{X}_i\, |\, |\, X_j(t) - \overline{X}_j\, |\, \rangle}{\sigma_i \sigma_j} \tag{5.4.1}$$

X 表示虚拟节点状态值,下标 i 和 j 分别表示 200 组测试中不同的测试次数,σ 表示标准差。在计算出测试中所有不同组合下的两个虚拟节点状态序列的 $\mathrm{CC}_{i,j}$ 之后,进行平均得到储备池的一致性相关系数值。经过计算,在这个测试中,并行储备池的一致性相关系数为 0.987,表明这个并行储备池具有很好的一致性。

并行储备池的分离性也可以按上述方法测试,但输入并行储备池的数据有所不同,仍然选用 200 组测试数据,但每组数据中的前 199 个在随机生成后固定,而最后一位是随机的,即在这个测试中每组数据只有最后一位是不同的。测试中希望在类似的初始条件下输入不同数据,并行储备池能够有完全不同的响应。图 5-14 给出了选取的三组测试的后两个周期内的虚拟节点状态。从图 5-14 中可以看出,在三组测试中,尽管上一周期输入的数据相同,并行储备池的状态非常接近,但紧接着输入不同数据时,并行储备池能给出明显不同的输出状态。此时这个并行储备池的一致性相关系数为 0.65。此外,已有研究指出,也可以通过计算状态矩阵的秩来定量分析储备池的分离性,即若状态矩阵是满秩,则说明这个并行储备池的分离性能较好。

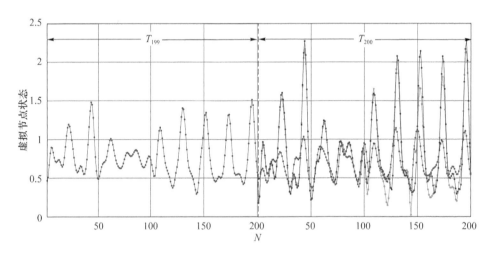

图 5-14　并行储备池的分离性测试中三组数据的后两个周期内的虚拟节点状态

5.5　本 章 总 结

本章对基于互耦合半导体激光器的 RC 系统的并行计算能力进行了理论研究。这种并行结构的储备池对耦合强度、注入强度、掩码缩放因子都提出了更高的要求。为了降低两个任务之间的相互干扰,我们提高了注入强度,降低了反馈强度,在 $k_{inj}=25\ \mathrm{ns}^{-1}$,$k_c=17.5\ \mathrm{ns}^{-1}$ 的情况下,数据输入周期 $T=2\ \mathrm{ns}$,在同时处理两个 Santa Fe 混沌时间序列预测任务、同时处理两个非线性信道均衡任务及同时处理一个 Santa Fe 混沌时间序列预测任务和一个非线性信道均衡任务的测试中都取得了较好的结果。同时注意到,为了使系统对两个任务的性能达到平衡,减少干扰,掩码缩放因子起着关键的作用。在同时处理两个 Santa Fe 混沌时间序列预测任务时,优化 $\gamma_1=\gamma_2=1.2\pi$,在 $j=0.98$ 及 $j=1.02$ 时,分别得到了两个任务的最小预测误差,$\text{NMSE}_1=0.020\,3\pm2.52\times10^{-4}$,$\text{NMSE}_2=0.027\,0\pm6.95\times10^{-4}$。而在同时处理两个非线性信道均衡任务时,设置了 $\text{SNR}=24\,\text{dB}$,$\gamma_1=\gamma_2=0.3\pi$,任务 1 的最小误差 $\text{SER}_1=(6.5\pm3.79)\times10^{-4}$ 在 $j=0.93$ 处得到,任务 2 的最小误差 $\text{SER}_2=(6.0\pm4.87)\times10^{-4}$ 在 $j=0.92$ 处获得,且在 $j=0.93$ 时 $\text{SER}_2=(7.0\pm3.26)\times10^{-4}$。在同时处理一个 Santa Fe 混沌时间序列预测任务和一个非线性信道均衡任务时,$\gamma_1=1.2\pi$,$\gamma_2=0.3\pi$,测得的 Santa Fe 混沌时间序列预测任务的最小预测误差 $\text{NMSE}=0.032\pm4.24\times10^{-4}$,非线性信道均衡任务的最小误差 $\text{SER}=(7\pm3.2)\times10^{-4}$,且当电流 $j=0.95$ 时,两个任务都能得到好的计算结果,$\text{NMSE}=0.032\,4\pm6.45\times10^{-4}$,$\text{SER}=(9.33\pm3.03)\times10^{-4}$。在改变信噪比测试两个非线性信道均衡任务时,系统表现出较强的抗干扰能力。值得指出的是,在测试中发现对两个任务的处理不需要改变过多的参数,只通过调整 γ_1,γ_2 来保持输入信号在相同的区间,即可实现不同任务的切换。

处理两个任务不可避免地造成了系统记忆能力的下降,在测试中系统最高的记忆能力只有 12.73,但 Santa Fe 混沌时间序列预测任务及非线性信道均衡任务对记忆能力的要求并不如 NARMA10 任务的要求那么高,而更偏重于系统的一致性和分离性,在最后对一致性和分离性的测试也验证了并行储备池的这些性能。因此,今后我们努力的方向一方面是要提高并行储备池的记忆能力,以便能够处理更复杂的任务,另一方面是要缩短输入数据处理周期,以进一步提高数据处理速率。

本章参考文献

[1] Vandoorne K, Mechet P, Vaerenbergh T V, et al. Experimental demonstration of reservoir computing on a silicon photonics chip. Nat. Commun., 2014, 5: 3541.

[2] Brunner D, Soriano M C, Mirasso C R, et al. Parallel photonic information processing at gigabyte per second data rates using transient states. Nat. Commun., 2013, 4: 1364.

[3] Akrout A, Bouwens A, Duport F, et al. Parallel photonic reservoir computing

using frequency multiplexing of neurons. arXiv, 2016:1612.08606.

[4] Nguimdo R M, Verschaffelt G, Danckaert J, et al. Simultaneous computation of two independent tasks using reservoir computing based on a single photonic nonlinear node with optical feedback. IEEE Trans. Neural Networks Learn. Syst., 2015, 26(12): 3301-3307.

[5] Appeltant L, Soriano M C, Sande G V d, et al. Information processing using a single dynamical node as complex system. Nat. Commun., 2011, 2: 468.

[6] Nguimdo R M, Verschaffelt G, Danckaert J, et al. Fast photonic information processing using semiconductor lasers with delayed optical feedback: role of phase dynamics. Opt. Express, 2014, 22 (7): 8672-8686.

[7] Nakayama J, Kanno K, Uchida A. Laser dynamical reservoir computing with consistency: an approach of a chaos mask signal. Opt. Express, 2016, 24(8): 8679-8692.

[8] Heil T, Fischer I, Elsasser W, et al. Chaos synchronization and spontaneous symmetry-breaking in symmetrically delay-coupled semiconductor lasers. Phys. Rev. Lett., 2001, 86(5): 795-798.

[9] Uchida A. Optical communication with chaotic lasers. Weinheim: Wiley-VCH Verlag GmbH & Co. KGaA, 2012.

[10] Ohtsubo J. Semiconductor lasers stability, instability and chaos. Springer, 2013.

[11] Hwang S K, Liu J M, White J K. 35-GHz intrinsic bandwidth for direct modulation in 1.3 μm semiconductor lasers subject to strong injection locking. IEEE Photonics Technol. Lett., 2004, 16(4): 972-974.

[12] Mogensen F, Olesen H, Jacobsen G. Locking condition and stability of properties for a semiconductor laser with external light injection. IEEE J. Quantum Electron., 1985, 21(7): 784-793.

[13] Henry C H, Olsson N A, Dutta N K. Locking range and stability of injection locked 1.54 μm InGaAsP semiconductor laser. IEEE J. Quantum Electron., 1985, 21(8): 1152-1156.

[14] Petitbon I, Gallion P, Debarge G, et al. Locking bandwidth and relaxation

oscillations of an injection-locked semiconductor laser. IEEE J. Quantum Electron. , 1988, 24(2): 148-154.

[15] Goldberg L, Chun M K. Injection locking characteristics of a 1 W broad stripe laser diode. Appl. Phys. Lett. , 1988, 53(20): 1900-1902.

[16] Chan S C, Liu J M. Microwave frequency division and multiplication using an optically injected semiconductor laser. IEEE J. Quantum Electron. , 2005, 41(9): 1142-1147.

[17] Hou Y S, Xia G Q, Jayaprasath E, et al. Parallel information processing using a reservoir computing system based on mutually coupled semiconductor lasers. Appl. Phys. B, 2020, 126(3): 40.

[18] Yue D Z, Wu Z M, Hou Y S, et al. Performance optimization research of reservoir computing system based on an optical feedback semiconductor laser under electrical information injection. Opt. Express, 2019, 27(14): 19931-19939.

[19] Hou Y S, Yi L L, Xia G Q, et al. Exploring high quality chaotic signal generation in mutually delay coupled semiconductor lasers system. IEEE Photon. J. , 2017, 9(5): 1505110.

[20] Yue D Z, Wu Z M, Hou Y S, et al. Effects of some operation parameters on the performance of a reservoir computing system based on a delay feedback semiconductor laser with information injection by current modulation. IEEE Access, 2019, 7: 128767-128773.

[21] Arai S, Itaya Y, Suematsu Y, et al. 1. 5-1. 6 μm wavelength (100) GaInAsP/InP DH lasers. Jpn. J. Appl. Phys. , 1980, 19(S1): 411.

[22] Welch D F. A brief history of high-power semiconductor lasers. IEEE J. Sel. Top. Quantum Electron. , 2000, 6(6): 1470-1477.

[23] Chattopadhyay T, Bhattacharya M. Submillimeter wave generation through optical four-wave mixing using injection-locked semiconductor lasers. J. Lightwave Technol. , 2002, 20(3): 502-506.

[24] Bueno J, Brunner D, Soriano M C, et al. Conditions for reservoir computing performance using semiconductor lasers with delayed optical feedback. Opt.

Express，2017，25(3)：2401-2412.

[25] Hicke K，Escalona-Morán M A，Brunner D，et al. Information processing using transient dynamics of semiconductor lasers subject to delayed feedback. IEEE J. Sel. Top. Quantum Electron. ，2013，19(4)：1501610.

[26] Appeltant L. Reservoir computing based on delay-dynamical systems. [2020-12-05]. http://www. tdx. cat/handle/10803/84144.

[27] Jaeger H. The 'echo state' approach to analyzing and training recurrent neural networks-with an Erratum note. Technical Report GMD Report 148. German National Research Center for Information Technology，2001.

[28] Maass W，Natschläger T，Markram H. Real-time computing without stable states：a new framework for neural computation based on perturbations. Neural Comput. ，2002，14(11)：2531-2560.

[29] Verstraeten D，Schrauwen B，D'Haene M，et al. An experimental unification of reservoir computing methods. Neural Netw. ，2007，20(3)：391-403.

[30] Lukoševičius M，Jaeger H，Schrauwen B. Reservoir computing trends. Künstl. Intell. ，2012，26(4)：365-371.

第6章 基于VCSEL非线性动力学特性的储备池计算

6.1 引　　言

与边发射激光器相比,垂直腔面发射激光器(Vertical-Cavity Surface-Emitting Laser,VCSEL)因其结构的不同而拥有一些独特的优势:有源区体积小、光腔短,从而具有更小的阈值电流;出光方向与衬底表面垂直,不仅易于实现横向光场限制,还易于制作高密度二维阵列。特别地,在合适的参数条件下,VCSEL中可同时存在两个正交的偏振分量,利用每一偏振分量输出一路信号,能实现两路信号并行输出,这为利用VCSEL构建RC系统实现多个任务的并行处理提供了可能。目前,基于VCSEL实现RC的报道还很少。

一直以来,相关研究人员在不懈地探索如何建立描述VCSEL基本特性的数学模型。这不仅是印证基于VCSEL的实验中所观察到的各种非线性动力学特性的理论支撑,也是实现理论研究基于VCSEL的RC的关键。在2.2节中介绍的基于时间和空间的DFB的速率方程不仅印证了很多实验中所观察到的非线性动力学特性,还成功用于理论研究DFB的非线性动力学特性,为研究DFB的相关特性及其应用提供了重要物理依据。近年来,充分考虑VCSEL的出射光的空间偏振特性结构及其特点,研究人员在速率方程的基础上提出了描述VCSEL非线性动力学特性的空间模式拓展模型(Spatial-Mode Expansion Model,SMEM)。理论分析证实,利用这一模型能够较准确地模拟VCSEL的非线性动力学特性及其模式空间行为,然而不足之处在于,SMEM复杂程度较高,计算量大、耗时长。随后,M. San Miguel与J. Martin-Regalado等研究者在探究并考虑VCSEL出射光电场向量对介质的敏感性、饱和色散吸收效应、有源区介质双折射效应等特性的基础上,提出了 VCSEL 自旋反转模型(Spin-Flip Model,SFM)。该模型不仅能够合理描述 VCSEL 光场的偏振特征,还能更加准确地描述 VCSEL 偏振模式的演化行为,而且其相应的拓展模型亦能合理描述在外部扰动(如光注入、光反馈和光电反馈等)下的非线性动力学特性,此外,在模拟计算中没有降低计算精度。因此,下面首先给出基于 SFM 的 VCSEL 理论基础,并阐述在不同外部扰动下 VCSEL 的 SFM 拓展模型,然后介绍基于 VCSEL 非线性动力学特性开展的 RC 研究工作。

6.2　理　论　模　型

就结构而言,VCSEL 与传统的边发射 SL 有着显著的区别,通常其内部有源区呈圆柱形的对称结构,具有多层次或应变多量子阱,而且有源层介质具有几乎一致的各向同性特点,这使得 VCSEL 输出的偏振态在很大程度上随机地分布在有源区所在平面内,或出现在与有源区介质晶体主晶轴方向相关的方向上,具有一定的随机性,其基横模的偏振稳定性比传统的半导体激光器要差得多。就工作原理而言,VCSEL 较其他 SL 具有更短的谐振腔,而为了在较短的谐振腔内实现受激辐射,需要谐振腔的两个端面具有极高的反射率,因此 VCSEL 的谐振腔的两个端面具有 99.5% 以上的反射率。受激辐射是为由谐振腔参数决定的光学模式提供增益,当满足激光输出条件时由其中一个端面透射,由此实现 VCSEL 的激射输出。

6.2.1　自由运行 VCSEL 的理论模型

1995 年,M. San Miguel 等学者提出了描述 VCSEL 不同偏振自由度受激辐射的四能级模型。这个模型考虑了半导体材料价带和导带上自旋次能级的复合过程,并由此推导出具有偏振自由度的矢量速率方程。该模型验证了 VCSEL 输出偏振的稳定性和动态响应主要决定于时间尺度上自发衰变和自旋弛豫过程的比率。

典型 VCSEL 的能带结构如图 6-1(a)所示,是由量子阱结构构成。量子阱的带隙将其能带分成价带和导带两个部分。价带中能级较低的为轻空穴带(Light Hole, LH),而能级较高的为重空穴带(Heavy Hole, HH)。在半导体带隙附近,处于价带中的两个能级并不会发生能级简并效应,这时由于量子阱自身结构的量子限定作用,同时轻空穴带的能量较低,甚至可以忽略其辐射复合过程中相应的跃迁。导带中的电子具有 $J=1/2$ 的总角动量；而价带总角动量 $J=3/2$，主要是由重空穴带提供。对于这样的量子阱结构，如图 6-1(b)所示，允许发生的量子跃迁是那些总量子动量差为 $\Delta J_z=\pm 1$ 且光波传播方向为 z 轴的情形。因此，在导带和价带之间有两种跃迁过程满足条件，即 $J_z=-1/2$ 到 $J_z=-3/2$ 的跃迁和 $J_z=1/2$ 到 $J_z=3/2$ 的跃迁。$J_z=-1/2$ 到 $J_z=-3/2$ 的跃迁产生右旋圆偏振光，而 $J_z=1/2$ 到 $J_z=3/2$ 的跃迁产生左旋圆偏振光，具体的 VCSEL 量子阱四能级跃迁过程如图 6-1(c)所示。

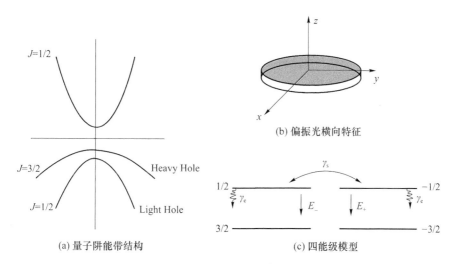

(a) 量子阱能带结构　　　　(b) 偏振光横向特征　　　　(c) 四能级模型

图 6-1　VCSEL 示意图

描述 VCSEL 输出光的电场矢量模型为

$$\boldsymbol{E}=[E_x(x,y,t)\boldsymbol{x}+E_y(x,y,t)\boldsymbol{y}]\mathrm{e}^{\mathrm{i}Kz-\mathrm{i}\nu t}+\mathrm{c.c.} \tag{6.2.1}$$

通过引入圆偏振光场 $E_\pm=\dfrac{1}{\sqrt{2}}(E_x\pm E_y)$，便可由如下 Maxwell-Bloch 偏微分方程组表述 VCSEL 的光场信息：

$$\frac{\partial E_\pm}{\partial t}=-\kappa E_\pm-\mathrm{i}g_0^* E_\pm+\mathrm{i}\frac{c^2}{2\nu}\nabla_\perp^2 E_\pm \tag{6.2.2}$$

$$\frac{\partial P_\pm}{\partial t}=-[\gamma_\perp+\mathrm{i}(\omega-\nu)]P_\pm+\mathrm{i}g_0 E_\pm(D\pm d) \tag{6.2.3}$$

$$\frac{\partial D}{\partial t}=-\gamma_D(D-\mu)+[\mathrm{i}g_0^*(E_+^* P_++E_-^* P_-)+\mathrm{c.c.}]+D_f\nabla_\perp^2 D \tag{6.2.4}$$

$$\frac{\partial d}{\partial t}=-\gamma_s d+[\mathrm{i}g_0^*(E_+^* P_+-E_-^* P_-)+\mathrm{c.c.}]+D_f\nabla_\perp^2 d \tag{6.2.5}$$

式中，$E_{\pm}$ 分别表示量子跃迁过程 $\mp 1/2 \to \mp 3/2$ 中的右旋和左旋圆偏振光，$P_{\pm}$ 表示电子跃迁过程中的电场慢变振幅，D 表示导带和价带之间总的载流子数量之差，d 表示左旋圆偏振光所对应的反转粒子数与右旋圆偏振光对应的反转粒子数之差。$\gamma_{\perp}$ 表示极化偶极子的弛豫速率，γ_s 表示载流子浓度的衰减速率，μ 是有源区介质的归一化电流，γ_D 表示总的载流子衰减速率，ω 表示量子阱内能带带隙的角频率，κ 表示谐振腔内光子的衰减速率，g_0 表示右旋和左旋圆偏振光的增益耦合常数，ν 对应于谐振腔频率。其中，D 和 d 可分别进一步表示为

$$D = \frac{1}{2}\big[(n_1 + n_{-1}) - (n_3 + n_{-3})\big] \qquad (6.2.6)$$

$$d = \frac{1}{2}\big[(n_1 - n_{-3}) - (n_1 - n_{-3})\big] \qquad (6.2.7)$$

式中，n_i 表示自旋能级 $i/2$ 的粒子数。当 n_i 非零时，左旋和右旋圆偏振光之间存在相应的耦合过程。式(6.2.2)～式(6.2.7)的偏微分方程组描述了整个光场的演化过程。在量子阱结构中，由于 γ_D 远远小于 $\gamma_{\perp}$，因此电场的慢变振幅 $P_{\pm}$ 可以简化描述为

$$P_{\pm} = \frac{g_0(\omega - \nu + i\gamma_{\perp})}{\gamma_{\perp}^2 + (\omega - \nu)^2}(D \pm d)E_{\pm} \qquad (6.2.8)$$

忽略电场衍射以及有源区介质载流子扩散的影响，再结合式(6.2.7)，并做 $t \to \gamma_{\perp} t$ 的时间尺度上的参数代换：

$$E_{\pm} = \sqrt{2g}E_{\pm}, \quad N = \frac{g\gamma_{\perp}}{\kappa}D, \quad n = \frac{g\gamma_{\perp}}{\kappa}d,$$

$$\alpha = \frac{\omega - \nu}{\gamma_{\perp}}, \quad g = \frac{|g_0|^2}{\gamma_{\perp}^2 + (\omega - \nu)} \qquad (6.2.9)$$

便可得到 SFM 模型：

$$\frac{\partial E_{\pm}}{\partial t} = -\frac{\kappa}{\gamma_{\perp}}E_{\pm} + \frac{\kappa}{\gamma_{\perp}}(1 - i\alpha)(N \pm n)E_{\pm} \qquad (6.2.10)$$

$$\frac{\partial N}{\partial t} = -\frac{\gamma_N}{\gamma_{\perp}}(N - \mu) - (|E_+|^2 + |E_-|^2)N - (|E_+|^2 - |E_-|^2)n$$

$$(6.2.11)$$

$$\frac{\partial n}{\partial t} = -\frac{\gamma_s}{\gamma_{\perp}} - (|E_+|^2 - |E_-|^2)N - (|E_+|^2 + |E_-|^2)n \qquad (6.2.12)$$

由于在 VCSEL 的谐振腔中存在弱的各向异性，因此在 VCSEL 的出射截面上通常会出现被称为 x LP 模式和 y LP 模式的两个正交线性偏振模式，这两个线性

偏振模式在各自的偏振方向上具有不同的线性电场振幅损耗和不同的线性相位信息。然而,上述 SFM 理论模型的偏微分方程组(6.2.10)～(6.2.12)并没有考虑 VCSEL 中模式的偏振特性,因此不能全面描述 VCSEL 中偏振模式的激射特性。于是 J. Martin-Regalado 等研究者在考虑 VCSEL 自身偏振特性的基础上,将线性电场振幅各向异性、饱和色散效应、线性相位各向异性加入 SFM 模型(6.2.10)～(6.2.12),并应用半经典理论,得到简化的 SFM 模型速率方程组:

$$\frac{dE_\pm}{dt}=\kappa(1+i\alpha)(N\pm n-1)E_\pm-(\gamma_a+i\gamma_p)E_\mp \tag{6.2.13}$$

$$\frac{dN}{dt}=\gamma_N\mu-\gamma_N N(1+|E_+|^2+|E_-|^2)-\gamma_N n(|E_+|^2-|E_-|^2) \tag{6.2.14}$$

$$\frac{dn}{dt}=-\gamma_s n-\gamma_N n(|E_+|^2+|E_-|^2)-\gamma_N N(|E_+|^2-|E_-|^2) \tag{6.2.15}$$

式中,γ_a 和 γ_p 分别表示线性二向色性系数和线性双折射系数。VCSEL 有源区介质的材料在不同位置处生长过程中所受应变的不同导致 γ_p 的出现,意味着 VCSEL 的 x LP 模式和 y LP 模式方向上分别具有不同的折射率,使得 VCSEL 的 x LP 模式和 y LP 模式之间存在一定的模式频率差。此外,由于各向异性,x LP 模式和 y LP 模式会存在不同的增益损耗比,将对应于不同的增益曲线,可以利用二向色性系数 γ_a 描述不同频率位置的模式。

引入圆偏振光和线性偏振光的两个电场之间的转化关系式:

$$E_x=(E_++E_-)/\sqrt{2}, \quad E_y=i(E_+-E_-)/\sqrt{2}$$

同时考虑自旋向下和自旋向上两类不同状态的载流子之间的关系,便可得到与 VCSEL 的两正交偏振模式 x LP 模式和 y LP 模式相关的速率方程:

$$\frac{dE_x}{dt}=-(\kappa+\gamma_a)E_x-i(\kappa\alpha+\gamma_p)E_x+\kappa(1+i\alpha)(NE_x+inE_y) \tag{6.2.16}$$

$$\frac{dE_y}{dt}=-(\kappa-\gamma_a)E_y-i(\kappa\alpha-\gamma_p)E_y+\kappa(1+i\alpha)(NE_y-inE_x) \tag{6.2.17}$$

$$\frac{dN}{dt}=-\gamma_N[N(1+|E_x|^2+|E_y|^2)-\mu+in(E_yE_x^*-E_xE_y^*)] \tag{6.2.18}$$

$$\frac{dn}{dt}=-\gamma_s n-\gamma_N[n(|E_x|^2+|E_y|^2)+iN(E_yE_x^*-E_xE_y^*)] \tag{6.2.19}$$

常微分方程组(6.2.16)～(6.2.19)给出了基于 SFM 的 VCSEL 基横模两个正交偏振模式 x LP 模式和 y LP 模式的速率方程,其中,E_x 表示 x LP 模式的电场复振幅，E_y 表示 y LP 模式的电场复振幅。

通过式(6.2.13)、式(6.2.15)和式(6.2.16)～式(6.2.19)可以看出，当 SFM 中光场频率为单频，电场振幅以及四能级的载流子浓度为常数时，微分方程组的线性极化稳态解是存在的，即

$$E_\pm = F_\pm \mathrm{e}^{\mathrm{i}(\omega_\pm t \pm \varphi)+\mathrm{i}\theta}, \quad N=N_0, \quad n=n_0 \tag{6.2.20}$$

式(6.2.20)的线性极化稳态解包含 θ 和 φ 两个相位量。光场的任意相位信息用 θ 表示，在通常情况下，不需要考虑损耗时 θ 可忽略不计；而决定着 VCSEL 基横模中光场的线性极化方向的量是相对相位量，用 φ 表示。

当微分方程组的时间微分项等于零时，得到两个正交偏振模式 x LP 模式和 y LP 模式的线性稳态解。当 $E_y=0$ 时，x LP 模式的解是：

$$E_x = \sqrt{\mu/\mu_x - 1}\,\mathrm{e}^{\mathrm{i}\omega_x}, \quad \mu_x = 1+\gamma_\mathrm{a}/\kappa, \quad \omega_x = -\gamma_\mathrm{p}+\alpha\gamma_\mathrm{a} \tag{6.2.21}$$

当 $E_x=0$ 时，y LP 模式的解是：

$$E_y = \sqrt{\mu/\mu_y - 1}\,\mathrm{e}^{\mathrm{i}\omega_y}, \quad \mu_y = 1-\gamma_\mathrm{a}/\kappa, \quad \omega_y = \gamma_\mathrm{p}-\alpha\gamma_\mathrm{a} \tag{6.2.22}$$

式(6.2.21)和式(6.2.22)中的 μ_x 和 μ_y 分别表示 x LP 模式和 y LP 模式发生激射时所需的阈值偏置电流。当 $\gamma_\mathrm{a}<0$ 时，对 x LP 模式的激射阈值电流要求较低，而当 $\gamma_\mathrm{a}>0$ 时，对 y LP 模式的激射阈值电流要求较低。由于 x LP 模式的角频率为 $\omega_x=\alpha\gamma_\mathrm{a}-\gamma_\mathrm{p}$，$y$ LP 模式的角频率为 $\omega_y=-\alpha\gamma_\mathrm{a}+\gamma_\mathrm{p}$，因此 x LP 模式和 y LP 模式的角频率之差是 $\Delta\omega=\omega_y-\omega_x=2(\gamma_\mathrm{p}-\alpha\gamma_\mathrm{a})$。在一般情况下，VCSEL 有源区介质的 $\gamma_\mathrm{a}\ll\gamma_\mathrm{p}$，因此 $\omega\approx2\gamma_\mathrm{p}$。于是，当 $\gamma_\mathrm{p}<0$ 时，y LP 模式的角频率值较低，而当 $\gamma_\mathrm{p}>0$ 时，x LP 模式的角频率值较低。

另外，通过对 VCSEL 的 SFM 的速率方程进行线性稳定性分析，还可以得到 VCSEL 的两个正交偏振模式 x LP 模式和 y LP 模式在不同参数条件下的稳定性特性。当取适当的 μ 使 VCSEL 的 x LP 模式处于音叉分岔的临界值时，VCSEL 的 x LP 模式将进入非稳定状态；而当取适当的 μ 使 VCSEL 的 y LP 模式处于霍普分岔的临界值时，VCSEL 的 y LP 模式将进入非稳定状态。这两种分岔状态所对应的偏置电流临界值分别近似为

$$\mu_{x,s} \approx 1 + \frac{\gamma_\mathrm{s}}{\kappa\alpha-\gamma_\mathrm{p}}\frac{\gamma_\mathrm{p}}{\gamma_N} \tag{6.2.23}$$

$$\mu_{y,\mathrm{H}} \approx 1 + \frac{2(\gamma_\mathrm{s}^2+4\gamma_\mathrm{p}^2)}{\kappa(2\alpha\gamma_\mathrm{p}-\gamma_\mathrm{s})}\frac{\gamma_\mathrm{a}}{\gamma_N} \tag{6.2.24}$$

此外，由 μ 所诱导的 VCSEL 的 x LP 模式的霍普分岔亦将导致 VCSEL 的 x LP 模

式处于非稳定状态,此时对应于 $\gamma_a > 0$,满足这一条件的偏置电流临界值近似为

$$\mu_{x,\mathrm{H}} \approx 1 + \frac{2(\gamma_s^2 + 4\gamma_p^2)\,\gamma_a}{\kappa(2\alpha\gamma_p + \gamma_s)\,\gamma_N} \tag{6.2.25}$$

通常情况下,VCSEL 有源区介质的线性双折射系数 γ_p 取值为正,即 VCSEL 的两正交偏振模式 x LP 模式和 y LP 模式分别是低频率偏振模式和高频率偏振模式。当线性二向色性系数 $\gamma_a < 0$ 时,意味着 VCSEL 的 x LP 模式的激射电流阈值较低。此时,VCSEL 的两正交偏振模式 x LP 模式和 y LP 模式的稳定性参数范围如图 6-2 所示。在图 6-2 中实线(即音叉分岔临界电流值 $\mu_{x,s}$)下方的区域内,VCSEL 的 x LP 模式处于稳态,当偏振电流值高于 $\mu_{x,s}$ 时,VCSEL 的 x LP 模式将处于非稳定状态。而图 6-2 中的虚线,即霍普分岔的偏置电流临界值 $\mu_{y,\mathrm{H}}$ 曲线无限接近铅直阈值渐近线,对应 $\gamma_{pc} \approx \gamma_s/2\alpha$。当 $\gamma_{pc} < \gamma_p$ 时,VCSEL 的 y LP 模式均处于非稳定状态;当 $\gamma_{pc} > \gamma_p$ 且 VCSEL 的偏置电流高于 $\mu_{y,\mathrm{H}}$ 时,VCSEL 的 y LP 模式处于稳态。已有研究证实,当 $\gamma_{pc} > \gamma_p$ 时,逐渐增加 VCSEL 的偏振电流 μ,VCSEL 的激射模式将可能由 x LP 模式跳变至 y LP 模式,VCSEL 的输出由低频模式向高频模式转换,即出现 II 类偏振转换(PS);反之,当 $\gamma_{pc} > \gamma_p$ 时,逐渐减小 VCSEL 的偏振电流 μ,VCSEL 的输出先以 y LP 模式激射为主,而当 VCSEL 的偏振电流 μ 减小至霍普分岔临界电流值时,VCSEL 的激射模式将呈现由 y LP 模式向 x LP 模式的跳变,VCSEL 的输出由高频模式向低频模式转换,即出现 I 类 PS。由于 VCSEL 的 x LP 模式和 y LP 模式的交叉增益饱和系数和自增益饱和系数都会受到偏置电流的影响而发生偏移,因此两类 PS 的位置并不重合,进而最终导致 VCSEL 出现偏振双稳(PB)效应。

当线性二向色性系数 $\gamma_a > 0$ 时,VCSEL 的 y LP 模式的激射电流阈值较低。此时 VCSEL 的两正交偏振模式 x LP 模式和 y LP 模式的稳定性参数范围如图 6-3 所示。在图 6-3 中实线和虚线相交的下方区域,即处于霍普分岔临界电流值 $\mu_{y,\mathrm{H}}$ 左侧同时处于音叉分岔临界电流值 $\mu_{x,s}$ 下方的公共区域内,VCSEL 的 x LP 模式处于稳态,而在其余区域内 VCSEL 的 x LP 模式处于非稳定状态。而图 6-3 中的虚线,即霍普分岔的偏置电流临界值 $\mu_{y,\mathrm{H}}$ 曲线无限接近铅直阈值渐近线,对应 $\gamma_{pc} \approx 2\alpha\gamma_s$。当 $\gamma_{pc} > \gamma_p$ 且 VCSEL 的偏置电流低于 $\mu_{y,\mathrm{H}}$ 时,VCSEL 的 y LP 模式处于稳态,而在其余的参数区域内 VCSEL 的 y LP 模式处于非稳定状态。当 $\gamma_{pc} < \gamma_p$ 时,逐渐增加 VCSEL 的偏振电流 μ,VCSEL 的输出先以 y LP 模式激射为主,而当 VCSEL 的偏振电流 μ 增加至霍普分岔临界电流值时,VCSEL 的激射模式将呈现

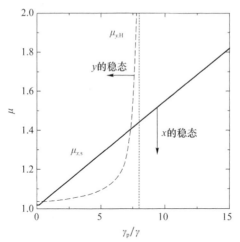

图 6-2 VCSEL 的 SFM 的速率方程组的线性稳态解图谱,
虚线左侧区域是 VCSEL 的 y LP 模式的稳态,实线下方区域是 VCSEL 的
x LP 模式的稳态,其中 $\kappa=300\gamma_N$, $\alpha=3$, $\gamma_s=48\gamma_N$, $\gamma_a=-0.1\gamma_N$

由 y LP 模式向 x LP 模式的跳变,出现 I 类 PS;反之,当 $\gamma_{pc}<\gamma_p$ 时,逐渐减小 VCSEL 的偏置电流 μ,VCSEL 的激射模式在较低的 μ 值处将可能发生由 x LP 模式跳变至 y LP 模式的 II 类 PS。同理,两类 PS 的位置并不重合,进而最终导致 VCSEL 出现 PB 效应。

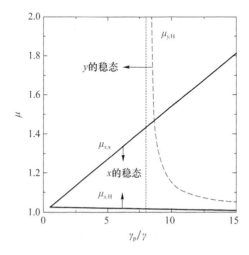

图 6-3 VCSEL 的 SFM 的速率方程组的线性稳态解图谱,
虚线左侧区域是 VCSEL 的 y LP 模式的稳态,实线下方区域是 VCSEL 的
x LP 模式的稳态,其中 $\kappa=300\gamma_N$, $\alpha=3$, $\gamma_s=48\gamma_N$, $\gamma_a=0.1\gamma_N$

6.2.2 光反馈 VCSEL 的理论模型

6.2.1 节论述的是自由运行 VCSEL 的速率方程组及其稳态解的特性。由于 VCSEL 有源区内介质具有弱各向异性以及有源区具有对称型的结构特征,因此 VCSEL 的激射光场主要呈现 x LP 模式或 y LP 模式之一,但是无论 VCSEL 的激射光场处于哪一种偏振模式状态,都会在常见的外部光注入、光反馈或光电反馈等扰动下变得不稳定,而使得 VCSEL 的输出呈现丰富的非线性动力学特性以及偏振转换行为。而充分了解、掌握进而利用 VCSEL 的这些特征,对 VCSEL 在 RC、光子神经网络、混沌光通信、全光信息处理、全光存储等领域的应用不但具有理论指导意义,而且有着至关重要的现实意义。下面先简要介绍并推导光反馈 VCSEL 的理论模型。

图 6-4 为平行光反馈 VCSEL 的理论模型示意图。虽然 VCSEL 的端面反射率达到了 99.5% 以上,但是因其内部有源区介质的增益特性,VCSEL 对反馈回腔内的光束仍极其敏感。因此,为了更好地从理论上揭示光反馈 VCSEL 的非线性动力学特征,需要对 VCSEL 的 SFM 的速率方程组进行拓展。首先,通过在模型中引入光反馈项,便可得到包含 x LP 模式和 y LP 模式的平行光反馈 VCSEL 的慢变复电场:

$$\frac{\mathrm{d}E_x}{\mathrm{d}t} = -(\kappa+\gamma_\mathrm{a})E_x - \mathrm{i}(\kappa\alpha+\gamma_\mathrm{p})E_x + \kappa(1+\mathrm{i}\alpha)(NE_x+\mathrm{i}nE_y) + k_{\mathrm{f}x}E_x(t-\tau_\mathrm{f})\mathrm{e}^{-\mathrm{i}2\pi\nu\tau_\mathrm{f}}$$

(6.2.26)

$$\frac{\mathrm{d}E_y}{\mathrm{d}t} = -(\kappa-\gamma_\mathrm{a})E_y - \mathrm{i}(\kappa\alpha-\gamma_\mathrm{p})E_y + \kappa(1+\mathrm{i}\alpha)(NE_y-\mathrm{i}nE_x) + k_{\mathrm{f}y}E_y(t-\tau_\mathrm{f})\mathrm{e}^{-\mathrm{i}2\pi\nu\tau_\mathrm{f}}$$

(6.2.27)

式中,$k_{\mathrm{f}x}$ 表示 x LP 模式的光反馈强度系数,$k_{\mathrm{f}y}$ 表示 y LP 模式的光反馈强度系数,ν 表示 VCSEL 的中心频率,τ_f 表示光在反馈腔内往返一周所经历的延迟时间。$\tau_\mathrm{f}=2L/C$,其中 L 表示 VCSEL 的端面到平面反射镜 M 的距离。

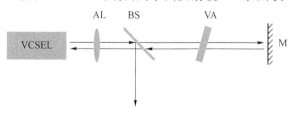

M—平面反射镜;AL—准直透镜;VCSEL—垂直腔面发射激光器;VA—可调衰减器;BS—光分束器

图 6-4 平行光反馈 VCSEL 的理论模型示意图

另一种常用的 VCSEL 的光反馈扰动方式是旋转光反馈，如图 6-5 所示。它是在光反馈路径中放置一个四分之一波片，并通过设置波片的晶轴方向与反射光的偏振方向呈 45°角，实现 VCSEL 的旋转光反馈。引入旋转光反馈使得 VCSEL 的 x LP 模式和 y LP 模式的慢变复电场变化为

$$\frac{\mathrm{d}E_x}{\mathrm{d}t} = -(\kappa+\gamma_a)E_x - \mathrm{i}(\kappa\alpha+\gamma_p)E_x + \kappa(1+\mathrm{i}\alpha)(NE_x+\mathrm{i}nE_y) + k_{fy}E_y(t-\tau_f)\mathrm{e}^{-\mathrm{i}2\pi\nu\tau_f}$$

$$(6.2.28)$$

$$\frac{\mathrm{d}E_y}{\mathrm{d}t} = -(\kappa-\gamma_a)E_y - \mathrm{i}(\kappa\alpha-\gamma_p)E_y + \kappa(1+\mathrm{i}\alpha)(NE_y-\mathrm{i}nE_x) + k_{fx}E_x(t-\tau_f)\mathrm{e}^{-\mathrm{i}2\pi\nu\tau_f}$$

$$(6.2.29)$$

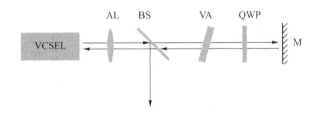

M—平面反射镜；QWP—四分之一波片；AL—准直透镜；

VCSEL—垂直腔面发射激光器；VA—可调衰减器；BS—光分束器

图 6-5　旋转光反馈 VCSEL 的理论模型示意图

6.2.3　光注入 VCSEL 的理论模型

正如 2.2.3 节所述，光注入系统通常由驱动激光器和响应激光器共同构成。在光注入系统中，通过调控驱动激光器的偏振方向、光波频率、出射光的强度等可控参量，诱导响应激光器产生偏振转换或复杂的非线性动力学特性。在理论建模时，需要在 VCSEL 的 SFM 的速率方程中添加注入项，拓展 SFM 理论模型。

光注入 VCSEL 的示意图如图 6-6 所示。常用 VCSEL 或 DFB 作为驱动激光器。自由运行时的驱动激光器输出光波的偏振方向与响应激光器 VCSEL 相一致，在光传输路径上通过添加一个光隔离器来控制光波，实现单向注入，并利用一个可调衰减器来调控注入的光强。这时包含 x LP 模式和 y LP 模式的响应激光器 VCSEL 的慢变复电场可表述为

$$\frac{\mathrm{d}E_x}{\mathrm{d}t} = -(\kappa+\gamma_a)E_x - \mathrm{i}(\kappa\alpha+\gamma_p)E_x + \kappa(1+\mathrm{i}\alpha)(NE_x+\mathrm{i}nE_y) +$$

$$\eta_x E_x^M(t-\tau_\eta)\mathrm{e}^{-\mathrm{i}2\pi\nu^M\tau_\eta+\mathrm{i}2\pi\Delta\nu t} \tag{6.2.30}$$

$$\frac{\mathrm{d}E_y}{\mathrm{d}t} = -(\kappa-\gamma_a)E_y - \mathrm{i}(\kappa\alpha-\gamma_p)E_y + \kappa(1+\mathrm{i}\alpha)(NE_y-\mathrm{i}nE_x) +$$

$$\eta_y E_y^M(t-\tau_\eta)\mathrm{e}^{-\mathrm{i}2\pi\nu^M\tau_\eta+\mathrm{i}2\pi\Delta\nu t} \tag{6.2.31}$$

式中，η_x 表示注入响应激光器 VCSEL 的 x LP 模式的注入强度系数，η_y 表示注入响应激光器 VCSEL 的 y LP 模式的注入强度系数。E_x^M 和 E_y^M 是驱动激光器的两个模式对应的慢变电场振幅，当驱动激光器是 DFB 时，E_x^M 和 E_y^M 的其中一项为零。τ_η 表示光注入的延迟时间，通常情况下可以忽略 τ_η，即认为 τ_η 等于零。ν^M 为驱动激光器的中心频率，$\Delta\nu$ 表示驱动激光器和响应激光器之间的频率失谐。

T-SL—驱动激光器；VA—可调衰减器；ISO—光隔离器；VCSEL—垂直腔面发射激光器

图 6-6　光注入 VCSEL 的示意图

6.2.4　正交互耦合 VCSELs 的理论模型

将 6.2.3 节的图 6-6 移除光注入 VCSEL 系统中的光隔离器，同时将 T-SL 选用 VCSEL，即为两个 VCSELs 的相互注入系统图，构成正交互耦合 VCSELs 系统。

描述正交互耦合系统中 VCSELs 的速率方程亦可运用 SFM 推导并表述如下：

$$\frac{\mathrm{d}E_1^{x,y}(t)}{\mathrm{d}t} = k(1+\mathrm{i}\alpha)(N_1 E_1^{x,y} - E_1^{x,y} \pm \mathrm{i}n_1 E_1^{y,x}) \mp (\gamma_a+\mathrm{i}\gamma_p)E_1^{x,y} +$$

$$\eta E_2^{y,x}(t-\tau)\exp(-\mathrm{i}\Delta\omega t-\mathrm{i}\omega_2\tau) + F_1^{x,y} \tag{6.2.32}$$

$$\frac{\mathrm{d}E_2^{x,y}(t)}{\mathrm{d}t} = k(1+\mathrm{i}\alpha)(N_2 E_2^{x,y} - E_2^{x,y} \pm \mathrm{i}n_2 E_2^{y,x}) \mp (\gamma_a+\mathrm{i}\gamma_p)E_2^{x,y} +$$

$$\eta E_1^{y,x}(t-\tau)\exp(\mathrm{i}\Delta\omega t-\mathrm{i}\omega_1\tau) + F_2^{x,y} \tag{6.2.33}$$

$$\frac{\mathrm{d}N_{1,2}(t)}{\mathrm{d}t}=\gamma_N\left[\mu-N_{1,2}(1+|E_{1,2}^x|^2+|E_{1,2}^y|^2)+in_{1,2}(E_{1,2}^x E_{1,2}^{y*}-E_{1,2}^y E_{1,2}^{x*})\right]$$

$$(6.2.34)$$

$$\frac{\mathrm{d}n_{1,2}(t)}{\mathrm{d}t}=-\gamma_s n_{1,2}-\gamma_N\left[n_{1,2}(|E_{1,2}^x|^2+|E_{1,2}^y|^2)+iN_{1,2}(E_{1,2}^y E_{1,2}^{x*}-E_{1,2}^x E_{1,2}^{y*})\right]$$

$$(6.2.35)$$

式中,下标 1 和 2 分别对应 VCSEL1 和 VCSEL2,上标 x 和 y 分别为 VCSEL 中的 x LP 模式和 y LP 模式,N 表示 VCSEL 的反转载流子数,E 表示光场的慢变电场振幅,n 表示自旋向上、自旋向下能级对应的载流子密度之差,α 为线宽增强因子,γ_p 表示有源介质双折射效应,γ_a 表示线性色散效应,γ_s 表示自旋反转速率,γ_N 表示总载流子衰减速率,k 表示光场的衰减速率,μ 为归一化偏置电流。η 表示 VCSEL1 和 VCSEL2 的互注入强度。ω_1 和 ω_2 分别表示 VCSEL1 和 VCSEL2 的中心角频率,$\Delta\omega=\omega_1-\omega_2$ 是两激光器之间的角频率失谐,τ 为激光器输出的激光耦合到下一个激光器所需的时间。F 代表朗之万噪声,表示为

$$F_{1,2}^x=\sqrt{\beta_{sp}/2}\left(\sqrt{N_{1,2}+n_{1,2}}\xi_{1,2}+\sqrt{N_{1,2}-n_{1,2}}\zeta_{1,2}\right) \qquad (6.2.36)$$

$$F_{1,2}^y=-i\sqrt{\beta_{sp}/2}\left(\sqrt{N_{1,2}+n_{1,2}}\xi_{1,2}-\sqrt{N_{1,2}-n_{1,2}}\zeta_{1,2}\right) \qquad (6.2.37)$$

式中,ξ 和 ζ 表示均值为 0、方差为 1 的高斯白噪声,β_{sp} 表示自发辐射速率。

6.3 基于 VCSEL 非线性动力学系统的储备池计算

本节介绍基于偏振旋转光反馈和偏振保持光反馈 VCSEL 的 RC,利用 VCSEL 的两种偏振模式的动态特性提高 RC 性能。

图 6-7 给出了基于偏振旋转光反馈 VCSEL 的 RC 系统示意图。如图 6-7 所示,待处理的输入数据通过马赫-曾德尔调制器加载到可调激光器发出的激光上,该调制光束沿 VCSEL 的主激光偏振方向注入 VCSEL。VCSEL 的输出被送到长度为 τ 的延迟环上,再被注入各个环路中,光信号通过偏振控制器被旋转 $\pi/2$,来触发通常被抑制的激光轴上的激光,并通过衰减器来控制反馈强度。由于这种旋转,抑制模被注入主激光偏振模中,主偏振模在抑制的偏振模中旋转注入。储备池中沿延迟反馈环按等间隔 θ 设置虚拟节点,因此,τ=虚拟节点数×θ。

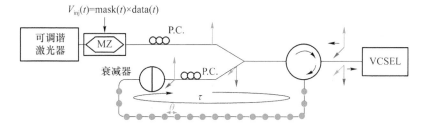

图 6-7 基于偏振旋转光反馈 VCSEL 的 RC 系统示意图。主(抑制)偏振模式用
蓝色(橙色)箭号表示。偏振旋转光反馈将每个偏振模式旋转 90° 后重新注入

描述该系统中 VCSEL 的速率方程可表述为

$$\frac{\mathrm{d}E_x(t)}{\mathrm{d}t} = k(1+\mathrm{i}\alpha)(NE_x - E_x + \mathrm{i}nE_y) - (\gamma_a + \mathrm{i}\gamma_p)E_x +$$

$$\Phi_x(t) + kA_{\mathrm{inj}}(t)\exp(\omega_{\mathrm{inj}}t - \omega_0 t) + F_x(t) \qquad (6.3.1)$$

$$\frac{\mathrm{d}E_y(t)}{\mathrm{d}t} = k(1+\mathrm{i}\alpha)(NE_y - E_y - \mathrm{i}nE_x) + (\gamma_a + \mathrm{i}\gamma_p)E_y + \Phi_y(t) + F_y(t)$$

$$(6.3.2)$$

$$\frac{\mathrm{d}N(t)}{\mathrm{d}t} = \gamma_N\left[\mu - N(1+|E_x|^2+|E_y|^2) + \mathrm{i}n(E_yE_x^* - E_xE_y^*)\right] \qquad (6.3.3)$$

$$\frac{\mathrm{d}n(t)}{\mathrm{d}t} = -\gamma_s n - \gamma_N\left[n(|E_x|^2+|E_y|^2) + \mathrm{i}N(E_yE_x^* - E_xE_y^*)\right] \qquad (6.3.4)$$

式中,

$$A_{\mathrm{inj}} = \sqrt{P_{\mathrm{inj}}}/2 \times (1+\exp(\mathrm{i}V/V_\pi))$$

是注入光场的值,P_{inj} 是可调谐激光器的功率,V 是 $[-\pi V_\pi, \pi V_\pi]$ 内的电压,ω_{inj} 是主
激光器的角频率。$\Phi_x(t)$ 和 $\Phi_y(t)$ 是反馈项。F_x 和 F_y 是朗之万噪声项。

下面考虑两种不同的反馈,即偏振保持反馈(IF)和偏振旋转反馈(RF)。反馈
项分别为 IF:$\Phi_x(t) = \eta E_x(t-\tau)\mathrm{e}^{-\mathrm{i}\omega_0\tau}$,$\Phi_y(t) = \eta E_y(t-\tau)\mathrm{e}^{-\mathrm{i}\omega_0\tau}$;RF:$\Phi_x(t) = -\eta E_y(t-\tau)\mathrm{e}^{-\mathrm{i}\omega_0\tau}$,$\Phi_y(t) = \eta E_x(t-\tau)\mathrm{e}^{-\mathrm{i}\omega_0\tau}$。取 $k=300\ \mathrm{GHz}$,$\alpha=3$,$\gamma_a=-0.1\ \mathrm{GHz}$,$\gamma_p=6\ \mathrm{GHz}$,$\gamma_N=1\ \mathrm{GHz}$,$\gamma_s=50\ \mathrm{GHz}$,$\omega_{\mathrm{inj}}=\omega_0=2\pi c/\lambda$,其中 c 是光速,
光的波长 $\lambda=1\,550\ \mathrm{nm}$。

为了评价储备池的性能,这里选取计算能力和记忆能力两项任务。计算能力
用来识别最佳激光操作点以使储备池达到最高性能,对应于系统区分两种不同输

入以及两个相同输入的能力。具体地,它被定义为两个方阵的秩的差。这两个方阵的每一行是一个虚拟节点的对应状态,这里取总功率$|E|^2=|E_x|^2+|E_y|^2$。方阵的每一列是储备池中相应虚拟节点在同一延迟时间段内的状态。第一个矩阵是储备池对应不同随机输入的结果,第二个矩阵是经过80τ的不同输入暂态后,每次对储备池进行相同输入的结果。计算中用虚拟节点数除以矩阵,将计算能力标准化为0和1之间的值,这样可以比较具有不同虚拟节点数的不同储备池的计算能力。通过对虚拟节点的间隔θ、VCSEL的注入电流μ、注入激光的功率P_{inj}和反馈强度η这4个不同参数的扫描,考虑基于VCSEL的储备池的计算能力。首先用400个虚拟节点、注入功率$0.1\,\mathrm{mW}$、反馈强度$10\,\mathrm{GHz}$进行了数值模拟,最终得到θ-μ二维参数取值面上储备池计算能力的模拟结果,如图6-8所示。从图6-8中可以看出,θ在$[0.01,0.04]\,\mathrm{ns}$,且μ在$[1.2,1.5]$范围内取值时,计算能力接近于1。于是,在下面的测试中,取$\theta=0.02\,\mathrm{ns}$,$\mu=1.3$。对于虚拟节点数是400、$\theta=0.02\,\mathrm{ns}$,延迟时间是$8\,\mathrm{ns}$,这在目前已有的研究报道中是较短的延迟时间。

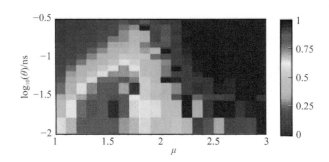

图 6-8　计算能力随 VCSEL 的注入电流 μ 和虚拟节点间隔 θ 的变化,其中 $P_{inj}=0.1\,\mathrm{mW}$,$\eta=10\,\mathrm{GHz}$

　　对于 IF,VCSEL 只沿其主偏振轴发射激光,而 RF 使抑制模被激活。这也是将 IF 对应的储备池称作单模储备池,而将 RF 对应的储备池称作双模储备池的原因。为了对比 VCSEL 只沿一个偏振模式发射激光与在两个正交偏振模式下发射激光的情况,测试了计算能力随 η 和 P_{inj} 的变化,模拟结果如图 6-9 所示。图 6-9(a)和图 6-9(b)分别给出了单、双模储备池计算系统的计算能力。在图 6-9 中的深蓝色区域,VCSEL 呈现混沌输出,此时系统的计算能力最差。而在图 6-9 中的红色区域,对应 VCSEL 呈现稳态和第一个分岔点前的动力学状态,此时系统的计算能力达到最强。

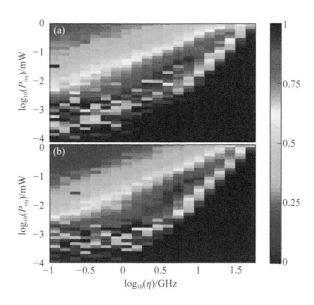

图 6-9　计算能力随 VCSEL 的注入电流 P_{inj} 和
反馈强度 η 的变化图。(a)IF-系统,(b)RF-系统

对记忆能力的测试中,虚拟节点数仍选用 400,用 800 个做训练集,3 200 个做测试集。图 6-10 和图 6-11 分别给出了 IF-储备池计算系统和 RF-储备池计算系统的记忆能力随反馈强度 η 的变化。从图 6-10 中可以看出,IF-储备池计算系统的记忆能力,无论是 x-模式、y-模式,还是总光强对应的记忆能力,都呈现随着反馈强度 η 的增加而降低的趋势。而对于给定的 η,x-模式的记忆能力高于 y-模式的,原因在于对于 IF,y-模式是被抑模。RF-储备池计算系统的记忆能力如图 6-11 所示,x-模式,y-模式或总光强对应的记忆能力也都呈现随着反馈强度 η 的增加而降低的趋势。由于 RF 中原本被抑制的激射模 y-模式也被主激射模 x-模式激活,因此两种模式的记忆能力相当。对比图 6-10 和图 6-11 可以看出,η 不超过 10 GHz 时,RF-储备池计算系统的记忆能力很强,明显好于 IF-储备池计算系统的记忆能力。

为了更全面地分析储备池计算系统的记忆能力,图 6-12 和图 6-13 分别给出了 IF-储备池计算系统和 RF-储备池计算系统的记忆能力随 η 和 P_{inj} 的变化。从

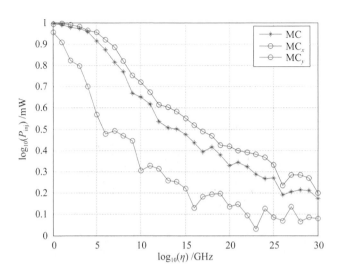

图 6-10　IF-储备池计算系统的记忆能力随反馈强度 η 的变化图

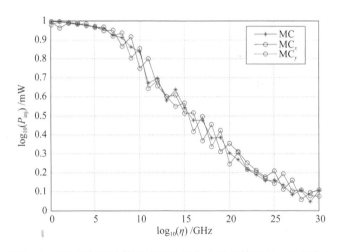

图 6-11　RF-储备池计算系统的记忆能力随反馈强度 η 的变化图

图 6-12 和图 6-13 中可以看到，x-模式、y-模式或总光强对应的记忆能力都在 η 和 P_{inj} 较大时较高，对于两种模式的储备池计算系统，较强的记忆能力达到 16 左右，这个值与目前已经报道的最好研究结果相当。但是当 η 或 P_{inj} 较弱时，两个系统的三种记忆能力都很差。然而，RF-储备池计算系统的 x-模式和 y-模式可以同时达到较强的记忆能力，这说明 RF-储备池计算系统优于 IF-储备池计算系统。

　　对于 RF-储备池计算系统性能的进一步测试，选用非线性信道均衡任务。测试

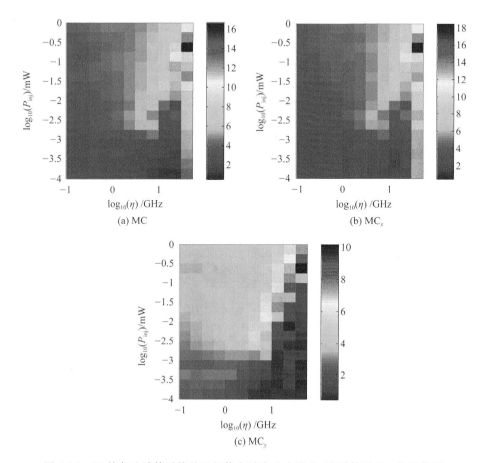

图 6-12 IF-储备池计算系统的记忆能力随注入电流 P_{inj} 和反馈强度 η 的变化图

中 $N=32, \theta=0.02$ ns,因此延迟时间仅为 0.64 ns,系统的处理速率达到 1.5 GHz。由于两系统在 $\mu=1.3, \eta=23$ GHz,$P_{inj}=0.08$ mW 时都具有最强的计算能力和记忆能力,因此,在测试中,选取了 $\mu=1.3, \eta=23$ GHz,$P_{inj}=0.08$ mW。在模拟中,选取了 10 000 个点做训练集,50 000 个点做测试集,模拟结果如图 6-14 所示。图 6-14(a)对基于 VCSEL 的 RF-储备池计算系统(菱形)和 IF-储备池计算系统(方形)的信道均衡能力进行了对比。这两种情况是采用系统输出的总光强进行模拟得到的。从图 6-14(a)中可以看出,RF-储备池计算系统的 SER 总是低于 IF-储备池计算系统的 SER。在最高信噪比 SNR = 32 dB 时,RF-储备池计算系统的 SER = 10^{-4},而 IF-储备池计算系统的 SER 是其 5 倍。综上所述,RF-储备池计算系统具有较好的信道均衡能力。为了尽可能提高 RF-储备池计算系统的信道均衡

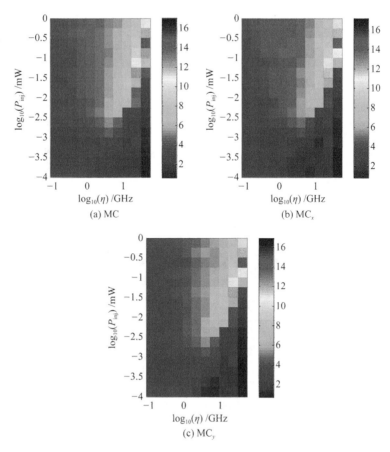

图 6-13　RF-储备池计算系统的记忆能力随注入电流 P_{inj} 和反馈强度 η 的变化图

能力,模拟中充分利用每个模式的光强分别进行了测试,测试结果如图 6-14(a)中的蓝色三角形标注曲线所示。在不影响系统均衡速率的情况下,在最高信噪比 $SNR=32$ dB 时,RF-储备池计算系统的误码率可以降到 $SER=10^{-5}$,这一结果与目前报道的最先进的光电储备池计算系统的均衡性能相当,但比特率能高出 10 000 倍。图 6-14(b)利用 $SNR=24$ dB 重构信号,其中只有一个误码。模拟中增大了自发辐射速率的值,$\beta_{sp}=4.5\times10^{-4}$ ns^{-1}。模拟结果表明,SER 不变。模拟中也测试了其他参数对系统性能的影响。首先,考虑了量化噪声的影响,在全光储备池计算中,它常导致系统性能低下。对 8 比特的噪声,系统的记忆能力提高到 18,但对 $SNR=32$ dB,$SER=3\times10^{-5}$ 稍高。这一结果也可能取决于反馈相位。例如,反馈相位为 $\pi/4$ 时记忆能力达到 19,反馈相位为 $\pi/2$ 时记忆能力为 18,然而信道均衡性能在不同反馈相位下却不变。最后,还测试了 SFM 中参数对系统性能的影响。例如,γ_s 从 50 GHz 到无穷大,γ_p 从 50 GHz 到 200 GHz 时,模拟结果保持不变,这证实了系统性能的提高主要归因于由旋转反馈引起的双模偏振的动态特性。

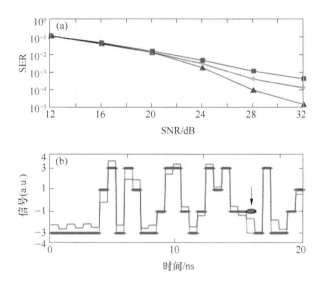

图 6-14　非线性信道均衡任务。(a) SER 随 SNR 的变化图。其中,红色的方形代表 IF-储备池计算系统的处理结果,绿色的菱形代表 RF-储备池计算系统的 $|E|^2$ 的处理结果,蓝色的三角形代表 $|E_x|^2$ 和 $|E_y|^2$。(b) 利用 24 dB 的 SNR 重构信号的示例:信号在信道中发送(蓝色点),在信道输出(灰色)和重构信号(红色)。箭头指向此数据序列中的单个错误

最后,选用 Santa Fe 任务,$\mu=1.3$,$\eta=22$ GHz,$P_{inj}=0.7$ mW,$\theta=0.02$ ns,$N=400$,模拟测试了 RF-储备池计算系统的预测性能,预测的 NMSE$=10^{-3}$,比 IF-储备池计算系统的 NMSE$=10^{-2}$ 低了一个量级。

总之,本节模拟研究了基于偏振旋转光反馈和偏振保持光反馈 VCSEL 的 RC,模拟结果表明,利用 VCSEL 两种偏振模式的动态特性可以提高 RC 性能。具体地,基于偏振旋转光反馈 VCSEL 的 RC 较基于偏振保持光反馈 VCSEL 的 RC 具有更好的性能。基于偏振旋转光反馈 VCSEL 的 RC 系统不仅可以达到很强的计算能力,也显示出更强的记忆能力。这种系统能够在要求极高的任务上表现出非常好的计算性能,得到很好的结果。例如,基于偏振旋转光反馈 VCSEL 的 RC 在信道均衡任务中成功地实现了在处理速率为 1.5 GHz 时,误码率 SER 低至 10^{-5}。

6.4 本章总结

首先,本章介绍了基于 SFM 的 VCSEL 基本理论,给出了自由运行 VCSEL 理论模型的推导过程。在此基础上,本章进一步阐述了光反馈 VCSEL、光注入 VCSEL、正交互耦合 VCSELs 的 SFM 拓展模型,为构建基于 VCSEL 的储备池计算提供了必要的理论依据。

其次,本章介绍了基于 VCSEL 非线性动力学特性开展的 RC 研究工作。具体地,本章模拟研究了基于偏振旋转光反馈和偏振保持光反馈 VCSEL 的 RC。模拟结果表明,利用 VCSEL 两种偏振模式的动态特性可以提高 RC 性能,而且基于偏振旋转光反馈 VCSEL 的 RC 较基于偏振保持光反馈 VCSEL 的 RC 具有更好的性能。在此基础上,进一步的模拟研究表明,基于偏振旋转光反馈 VCSEL 的 RC 系统不仅可以达到很强的计算能力,也显示出更强的记忆能力。这种系统能够在要求极高的任务上表现出非常好的计算性能,得到很好的结果,其在信道均衡任务中成功地实现了处理速率为 1.5 GHz 时,误码率 SER 低至 10^{-5}。

本章参考文献

[1] San Miguel M, Feng Q, Moloney J V. Light-polarization dynamics in surface-emitting semiconductor lasers. Phys. Rev. A, 1995, 52(2): 1728-1739.

[2] Martin-Regalado J, Prati F, San Miguel M, et al. Polarization properties of vertical-cavity surface-emitting lasers. IEEE J. Quantum Electron. , 1997, 33(5): 765-783.

[3] Michalzik R. Fundamentals, technology and applications of vertical-cavity surface-emitting lasers. Springer, 2012.

[4] Giudici M, Balle S, Ackemann T, et al. Polarization dynamics in vertical-cavity surface-emitting lasers with optical feedback: experiment and model. J. Opt. Soc. Am. B, 1999, 16(11): 2114-2123.

[5] Panajotov K, Sciamanna M, Arteaga M, et al. Optical feedback in vertical-cavity surface-emitting laser. IEEE J. Sel. Top. Quantum Electron. ,

2013，19(4)：1700312.

[6]　Hou Y S, Xia G Q, Jayaprasath E, et al. Parallel information processing using a reservoir computing system based on mutually coupled semiconductor lasers. Appl. Phys. B, 2020, 126(3)：40.

[7]　Vatin J, Rontani D, Sciamanna M. Enhanced performance of a reservoir computer using polarization dynamics in VCSELs. Opt. Lett. , 2018, 43 (18)：4497-4500.

[8]　Hou Y S, Yi L L, Xia G Q, et al. Exploring high quality chaotic signal generation in mutually delay coupled semiconductor lasers system. IEEE Photon. J. , 2017, 9(5)：1505110.

[9]　Tan X S, Hou Y S, Wu Z M, et al. Parallel information processing by a reservoir computing system based on a VCSEL subject to double optical feedback and optical injection. Opt. Express, 2019, 27(18)：26070-26079.

[10]　Yue D Z, Wu Z M, Hou Y S, et al. Performance optimization research of reservoir computing system based on an optical feedback semiconductor laser under electrical information injection. Opt. Express, 2019, 27(14)：19931-19939.

[11]　Yue D Z, Wu Z M, Hou Y S, et al. Effects of some operation parameters on the performance of a reservoir computing system based on a delay feedback semiconductor laser with information injection by current modulation. IEEE Access, 2019, 7：128767-128773.

[12]　Jayaprasath E, Hou Y S, Wu Z M, et al. Anticipation in the polarization chaos synchronization of uni-directionally coupled vertical-cavity surface-emitting lasers with polarization-preserved optical injection. IEEE Access, 2018, 6：58482-58490.

[13]　Wang D, Xia G Q, Hou Y S, et al. Theoretical investigation of state bistability between pure- and mixed-mode states in a 1550-nm VCSEL under parallel optical injection. IEEE Access, 2018, 6：19791-19797.

[14]　Jayaprasath E, Wu Z M, Sivaprakasam S, et al. Investigation of the effect of intra-cavity propagation delay in secure optical communication using

chaotic semiconductor lasers. Photonics, 2019, 6(2): 49.

[15] Xiang S Y, Pan W, Luo B, et al. Influence of variable-polarization optical feedback on polarization switching properties of mutually coupled VCSELs. IEEE J. Sel. Top. Quantum Electron. , 2013, 19(4): 1700108.

[16] Sciamanna M, Gatare I, Locquet A, et al. Polarization synchronization in unidirectionally coupled vertical-cavity surface-emitting lasers with orthogonal optical injection. Phys. Rev. E, 2007, 75(5): 056213.

[17] Xiang S Y, Pan W, Luo B, et al. Message encoding/decoding using unpredictability-enhanced chaotic VCSELs. IEEE Photon. Technol. Lett. , 2012, 24(15): 1267-1269.

[18] Torre M, Hurtado A, Quirce A, et al. Polarization switching in long-wavelength VCSELs subject to orthogonal optical injection. IEEE J. Quantum Electron. , 2011, 47(1): 92-99.

[19] Zeng Q Q, Wu Z M, Yue D Z, et al. Performance optimization of a reservoir computing system based on a solitary semiconductor laser under electrical-message injection. Appl. Opt. , 2020, 59(3): 394999.

[20] Tao J Y, Wu Z M, Yue D Z, et al. Performance enhancement of a delay-based reservoir computing system by using gradient boosting technology. IEEE Access, 2020, 8: 151990-151996.

[21] Jaeger H, Haas H. Harnessing nonlinearity: predicting chaotic systems and saving energy in wireless communication. Science, 2004, 304(5667): 78-80.

[22] Buonomano D, Merzenich M. Temporal information transformed into a spatial code by a neural network with realistic properties. Science, 1995, 267(5200): 1028-1030.

[23] Jaeger H. The 'echo state' approach to analyzing and training recurrent neural networks-with an Erratum note. Technical Report GMD Report 148. German National Research Center for Information Technology, 2001.

[24] Maass W, Natschläger T, Markram H. Real-time computing without

stable states: a new framework for neural computation based on perturbations. Neural Comput. , 2002, 14(11): 2531-2560.

[25] Verstraeten D, Schrauwen B, D'Haene M, et al. An experimental unification of reservoir computing methods. Neural Netw. , 2007, 20(3): 391-403.

[26] Tang X, Wu Z M, Wu J G, et al. Tbits/s physical random bit generation based on mutually coupled semiconductor laser chaotic entropy source. Opt. Express, 2015, 23(26): 33130-33141.

[27] Rosenstein M T, Collins J J, De Luca C J. A practical method for calculating largest Lyapunov exponents from small data sets. Physica D, 1993, 65(1-2): 117-134.

[28] Wolf A, Swift J B, Swinney H L, et al. Determing Lyapunov exponent from a time series. Physica D, 1985, 16(3): 285-317.

[29] Ohtsubo J. Semiconductor lasers stability, instability and chaos. Springer, 2013.

[30] Uchida A. Optical communication with chaotic lasers. Weinheim: Wiley-VCH Verlag GmbH & Co. KGaA, 2012.

第7章　总结和研究展望

7.1　总　　结

自 2011 年实现了基于单个非线性节点的延时型储备池计算(RC)以来,短短几年时间,这种新的机器学习方法取得了飞跃式的发展。随着半导体激光器(SL)作为非线性节点构建储备池的研究不断深入,RC 的数据处理速率由 MSa/s 量级提高至 GSa/s 量级,数据处理的准确率也在不断提高,例如,Santa Fe 混沌时间序列预测任务的预测误差由 10^{-1} 量级下降至 10^{-3} 甚至 10^{-5} 量级,并且延时型 RC 在雷达数据预测、太阳黑子预测、语音识别、非线性信道均衡、手写数字识别等众多领域展开了应用。由此可见,延时型 RC 方法因其易于训练、便于硬件实现而具有广阔的应用前景。SL 的瞬态响应速度快,状态丰富,而且其硬件技术成熟,价格低廉,易于集成,使其成为构建单节点延时型储备池的理想器件,因此对 SL 的动态特性与 RC 概念相结合的理论研究具有重要的现实意义。

本书提出了几个基于 SL 的延时型全光 RC 系统。首先,对这些系统所用混沌掩码的产生及其时延和复杂度特性进行了分析研究。其次,对它们的储备池的预测性能、分类性能、记忆能力以及分离性能,分别利用 Santa Fe 混沌时间序列预测任务、非线性信道均衡任务、波形识别任务、NARMA10 任务进行测试,在提高数据处理速率、准确率及并行处理两个任务方面取得了一定的研究结果,主要的研究工作及研究结果如下。

① 本书研究了基于 SL 非线性动力学系统 RC 的相关理论基础,包括:基于 Lang-Kobayashi 速率方程推导了 SL 在自由运行、光反馈、光注入及互耦合时的理论模型,分析了光反馈和光注入 SL 系统的动态特性,讨论了数据预处理中使用混沌掩码的作用,提出了基于互耦合 SLs 产生具有弱时延特性(TDS)和高复杂度特

162

性的优质混沌信号的方法,并使用了自相关函数识别 TDS,对混沌信号复杂度的分析采用了 Kolmogorov-Sinai 熵和 Kaplan-York 维数进行量化评价。

② 本书提出了基于双光反馈 SL 的 RC 系统,采用优质混沌信号做掩码,针对 Santa Fe 混沌时间序列预测基准任务,对该 RC 系统的预测性能随系统中一些典型参数的变化进行了全面的仿真研究。在数据处理速率为 1 GSa/s,虚拟节点时间间隔 θ 为 10 ps,虚拟节点数量为 100,较短反馈延时 τ_1 为 1.01 ns 的参数条件下,依据仿真得到的系统归一化均方误差(NMSE)在较长反馈延时 τ_2 和缩放因子 γ 构成的参数空间内的取值,确定了双光反馈 SL 的 RC 系统实现良好预测性能的最优参数区域,并且当 $\tau_2 = 1.53$ ns(接近 $\tau_1 + T_{RO}/2$,其中 T_{RO} 为响应 SL 的弛豫振荡周期),$\gamma = 0.63$ 时,得到该系统的最小 NMSE 仅为 2.93%。在具有相同预测误差水平的 RC 中,这个系统的信息处理速率最快。此外,对基于单、双光反馈 SL 的 RC 系统的预测性能进行了比较,得出在同等参数条件下,基于双光反馈 SL 的 RC 系统较基于单光反馈 SL 的 RC 系统具有更好的预测性能,并通过进一步对比两个储备池的虚拟节点状态以及两个系统的记忆能力,揭示了这两个系统的预测性能存在差异的原因。

③ 本书提出了基于互耦合 SLs 的 RC 系统,采用优质混沌信号做掩码,在单个非线性节点的延时储备池系统中增加一个非线性节点,构成互耦合的结构。两个互耦合的 SLs 处理同一个任务,但使用不同的混沌掩码。调节系统的耦合强度 k_c,使得储备池系统在无数据注入时处于稳态。在 Santa Fe 混沌时间序列预测任务中,当 $0 \text{ ns}^{-1} \leqslant k_c \leqslant 10.86 \text{ ns}^{-1}$ 时,得到预测的归一化均方误差(NMSE)都在 $5 \times 10^{-5} \sim 5 \times 10^{-4}$ 范围内。在波形识别任务中,测得的最小 NMSE 为 $5.5 \times 10^{-4} \pm 8.9 \times 10^{-5}$,出现在 $k_c = 5 \text{ ns}^{-1}$ 处。随后测试 Santa Fe 预测任务在 $k_c = 2$ ns 及波形识别任务在 $k_c = 5$ ns 的情况下掩码缩放因子 γ 对系统性能的影响,在 $\gamma = 0.5$ 时,Santa Fe 最小预测误差为 $5.1 \times 10^{-5} \pm 5.2 \times 10^{-6}$,在 $\gamma = 1$ 时,波形识别的最小误差为 $5.5 \times 10^{-4} \pm 8.8 \times 10^{-5}$。基于互耦合储备池在预测及分类任务中的出色表现,之后对比了互耦合与去耦合两种结构在 NARMA10 任务中的表现。在耦合强度 $k_c = 10 \text{ ns}^{-1}$,掩码周期 $T = 2$ ns 时,互耦合系统的最小预测误差在 $\gamma = 0.15$ 处,NMSE $= 0.077 \pm 0.002$,而去耦合系统在 $\gamma = 0.03$ 处取得的最小误差 NMSE $= 0.19 \pm 0.003$。通过该任务的对比,再次体现了互耦合储备池较强的预测能力,在此基础上进一步分析了互耦合与去耦合两系统的虚拟节点状态与记忆能力,互耦

合系统的虚拟节点状态更加丰富,记忆质量在 0.9 以上,也由此验证了 NARMA10 的预测性能与系统的记忆能力及记忆质量的依赖关系,揭示了基于互耦合 SLs 的储备池预测性能提高的原因。

④ 本书对基于互耦合 SLs 的 RC 系统的并行计算能力进行了理论研究。相对于一般的外腔反馈 SL 构成的储备池,基于互耦合 SLs 构建的储备池具有更易于实现高性能 RC 的潜力。因此,在此结构的基础上,本书通过仿真研究了这种 RC 系统并行处理两个任务的计算能力,并应用优质混沌掩码进一步提高了系统的计算性能。通过对非线性信道均衡任务和时间序列预测任务的测试,本书证明了基于互耦合 SLs 的 RC 系统具有并行计算的能力,且注入强度和耦合强度不需要根据不同任务而调整,体现了这个并行储备池对两个任务的兼容性。在设定输入数据的周期 $T = 2$ ns,$k_{inj} = 25$ ns^{-1},$k_c = 17.5$ ns^{-1} 的情况下,在同时处理两个 Santa Fe 混沌时间序列预测任务,优化出掩码缩放因子 $\gamma_1 = \gamma_2 = 1.2\pi$ 时,两个任务的最小预测误差分别为 NMSE$_1 = 0.0203 \pm 2.52 \times 10^{-4}$,NMSE$_2 = 0.0270 \pm 6.95 \times 10^{-4}$。而在同时处理两个非线性信道均衡任务,信噪比 SNR $= 24$ dB,优化出 $\gamma_1 = \gamma_2 = 0.3\pi$ 时,最小误差分别为 SER$_1 = (6.5 \pm 3.79) \times 10^{-4}$,SER$_2 = (6.0 \pm 4.87) \times 10^{-4}$。在同时处理一个 Santa Fe 混沌时间序列预测任务和一个非线性信道均衡任务,优化出 $\gamma_1 = 1.2\pi$,$\gamma_2 = 0.3\pi$ 时,测得的最小预测误差 NMSE $= 0.032 \pm 4.24 \times 10^{-4}$,最小 SER $= (7 \pm 3.2) \times 10^{-4}$。

在并行处理两个任务的测试中,系统预测性能稍差于分类性能,因此本书进一步分析了系统的记忆能力及分离性。互耦合 SLs 的并行储备池最大记忆能力只有 12.73,但是这个储备池仍具有较高的分离性能。总之,这个基于互耦合 SLs 的 RC 系统具有并行计算的能力。尤其是针对不同任务组,只需调节掩码缩放因子即可实现两组任务的切换,表明系统对任务具有兼容性,这对于以后的物理实现具有一定的指导意义。

⑤ 本书模拟研究了基于偏振旋转光反馈和偏振保持光反馈 VCSEL 的 RC。模拟结果表明,利用 VCSEL 两种偏振模式的动态特性可以提高 RC 性能,而且基于偏振旋转光反馈 VCSEL 的 RC 较基于偏振保持光反馈 VCSEL 的 RC 具有更好的性能。在此基础上,进一步的模拟研究表明,基于偏振旋转光反馈 VCSEL 的 RC 系统不仅可以达到很强的计算能力,也显示出更强的记忆能力。这种系统能够在要求极高的任务上表现出非常好的计算性能,得到很好的结果,其在信道均衡任

务中成功地实现了处理速率为 $1.5\,\mathrm{GHz}$ 时,误码率 SER 低至 10^{-5} 。

7.2　研　究　展　望

　　本书主要针对几类基于 SL 构建的延时型全光 RC 系统进行了理论研究,但仍然存在一些不足之处,需要在日后的研究工作中继续探索,主要有以下几点。

　　① 在双光反馈结构的基础上,可以进一步探索多反馈环结构以及多反馈环数目对提高系统的预测性能、分类性能及记忆能力的影响。

　　② 本书主要进行了理论研究和数值仿真,在今后的工作中可进一步将理论与实践相联系,在实验中朝着实现可集成 SL 储备池的方向努力。

　　③ 可进一步探索并行处理多任务的全光储备池。